图生
谱物

牛鸿志 著

中国工人出版社

导读

盛文强

　　牛鸿志先生绘制的海怪已有二百余种，传统笔墨与现代博物的奇异共振，结成一集颇为可观。国画的材料和技术充当载体，主角却是海怪，还有海怪背后相对应的海洋生物。神话与现实的杂陈并置，同时兼顾了个体经验与民俗传统，乍见之下错愕难当，久而愈觉丘壑超拔，跌宕自喜。画家的勤勉、博物学者的严谨、考据家的宏富、民族志工作者的身体力行，当多种身份并行不悖，集聚在同一人的身上，学科的壁垒轰然倒塌。

图式

　　成系列的群像，一种古老的图式传统，其源流可上溯到《白泽图》《山海经》的时代，图文并置的半人半兽妖物谱系，至今仍有强大的生命力。唐代阎立本曾作《凌烟阁二十四功臣》，是一组功臣的群像，后来佚失。直至明清之际，陈老莲《水浒叶子》《博古叶子》、任渭长《列仙酒牌》《卅三剑客图》、溥心畬《神异册》等继之而起，多涉仙剑、怪异之士，但见须眉耸动，腾跳雀跃，画家在片纸之内投入的精神力量饱满而又酣畅。酒牌、叶子等物涉及搏戏，同一主题下的风格相近的多幅画片，画中人物自带故事属性，在游戏之外又有极强的观赏性和话题性，同时还刺激着人们的收集癖好，近世的香烟画、扑克牌、洋画片、水浒卡，都可视为这种图像传统的延续，牛鸿志绘制的海怪亦当在此列。

　　海怪形象的视觉绵延，包藏着穷尽海物的野心。古代神话中的海怪传统极为隐秘，龙宫走卒的嘴脸鲜为人所知，战袍、官靴，乃至刀枪剑戟，无不装点着体制内海怪的赫赫威仪。在鳞片、触须、甲壳、长螯密布的海怪丛林中，身体器官成为破解其原型的密钥。鱼虾蟹贝都在向着人的方向演化，拟人的外在形态，意味着兽性退隐，然而却未能完全变成人形，这说明它们法力低微，作为动物的一面难以剪灭，始终做不得人。

人也热衷于模仿动物。作者自言曾受到过胶东民间舞蹈的影响，在祭海仪式中，会有渔民扮演成海洋动物，随着音乐起舞，胶东俗谓之"跑海物"，用来祝祷海物丰收。在"跑海物"的狂欢中，但见蛤蜊精扇动双壳，蟹精挥舞双钳，还有鱼精往来攒动。表演者在头上套一鱼头，或在背后驮着一对蚌壳，模仿海物的姿态。这全然是活着的古典图式，活在《山海经》里，活在汉画像里，也活在晚近以来的年画和皮影里。

这些海怪来自龙宫水府的基层岗位，甲胄兵刃从自身的硬壳与芒刺中化出，似乎是在模仿中古时期的武将，所谓"褒公鄂公毛发动，英姿飒爽来酣战"，其中有些海怪的服装不限于古装，而是亦今亦古，双髻鲨的英伦风大衣，俨然来自现代都市，犁头鱼精的旗袍和半高跟鞋，则是民国风貌。还有长衫，牛仔裤，不同年代的衣装混搭，似乎在提醒我们注意：海怪是不受时空限制的奇幻生物，不论你身在何时何地，都会与它们相遇。

博物

海怪属于"神秘动物学"（cryptozoology）的范畴。通过对神秘动物的系统研究，打捞失落已久的古老想象力，自是神秘动物学的题中之义。而借用古典海怪图式，并推演到现代博物领域，奇趣便产生了：好似古人来到今日之世界，用旧时的思维记载当下的海物，又似今人穿越回古代，用古人的方式来普及现代博物知识，混同今古的互文。

近世以来，博物与神话之间有了清晰的界限，相互之间不可贸然越界。自从科学理性的时代到来之后，门户之见愈深，科学的归科学，神话的归神话，二者分道扬镳，老死不相往来。而在古人那里，博物知识难免沾染神话色彩，大蜃吐气、鲛人泣珠也可称为真理。若以今天的眼光去笑古人愚痴，用科学原理一一驳斥，便是走进了另一种极端。

回到现实世界，蛤蜊本是不起眼的海滩贝类，它的肉味鲜美，生活在十八世纪的美食家袁子才认为"剥蛤蜊肉，加韭菜炒，至佳"。蛤蜊在青岛已经成为这座城市的名片，需靠养殖来满足巨大的需求。城市近郊堆放着废弃贝壳组成的山丘，海洋动物留下的痕迹如此鲜明，微不足道的贝类正在参与当下的历史。试想一只大蛤蜊喷出水汽，在半空中幻化为亭台殿阁，本身就是想象与趣味的胜利，古典时期的浪漫主义难以替代，这与"正确答案"无关。

牛鸿志创作的海怪有二百多种，是迄今为止最为庞大的海怪群像。倒错迷乱的角色设定，令人沉迷其中，真要把人们头脑中固有的成见一一敲碎。他的参照系当中也不乏现代博物学的图谱，譬如双髻鲨、抹香鲸等，它们远在日常生活之外，难以近观，唯有海洋的广袤，才能容纳庞然大物自由生长。小型的海物则是常见，可以近距离观察，常看到他拍摄的鬼面蟹、菱蟹、鰧、针鱼、海葵等，得自海滩的发现总是野性充沛，对海物的身体结构便也谙熟于胸：梭子蟹精自下而上的仰视构图，并非内陆人所能熟知，口器的形状，锯齿边缘的绒毛，即使化作海怪，也保留着原身的细节，可见其严谨。

曾看到明清时期陕甘一带的民间皮影，《闹龙宫》的角色中亦有虾兵蟹将之类，外形却是河虾、河蟹，甚至还有青蛙和鳖，内陆江河的动物安置到东海龙宫，用农耕经验架设的海底世界，遭遇的何止是尴尬，从中可看到一个古老的农业国对海洋的隔阂，时至今日，对海洋的隔阂也未曾消减。

考据

自明代屠本畯的《闽中海错疏》开始，海洋动物的专著代不乏人，多集中在闽浙粤。山东半岛仅有的一部海洋动物古籍，是清代栖霞人郝懿行的《记海错》。郝氏以考据家的身份介入海洋动物研究，考察海物俗名的演变，颇为可观。孔鳐俗称老般鱼，郝懿行认为"般"的古音为"盘"，老般鱼即老盘鱼，其身圆似盘，故名。如今老般鱼已经讹传为"老板鱼"，既有古义的失落，又有"全民挣钱"的时风浸染，其中的荒诞不言自明。

在岁月流转中几经变易的名物，失去了本来面目，音韵的衰变，古俗的消亡，皆不可不查。牛鸿志有考据癖，功夫在画外，他是古籍的阅读者，也是方志的收集者，这便使他有了属于自己的知识体系，和时下众多画家拉开了距离。虚构的海怪形象并不意味着放手臆造，要使虚构抵达实境，变形的海怪才会获得肉身。

海怪从头脑中显现轮廓，再到落在纸面定型，画家暂且充当造物主的角色，除了赋予其形象，还要赋予其独特属性。在更为久远的本草医药传统中，海物几乎都可入药，照此看来，海物所幻化的海怪也有神奇药效，这似乎是致敬了《山海经》的巫药功能，洪荒年代出没于山川之间的怪物，多数是可以拿来吃的，"食之不饥""食之不痓""服之不瘿"，在神奇药效的加持之下，海怪的神秘更添几重。李时珍《本草纲目》里提到的螺贝之类生活在水中，按照古老的阴阳五行学说，水属阴，皆属阴性，药性寒凉，体寒者不宜多食，还有一些属于"发物"，过量食用会导致疥疮崩坏。药学家的观念左右着海怪的造型，在古代画师那里，螺精、蚌精多被描绘为阴柔的女性形象，民间传说中的田螺姑娘也即此类。牛鸿志的文字中也特别提到了海怪的药效，贝类精怪也多以女性形象出现，正是渊源有自。

民族志

"全球化"荡涤着地方性，特殊经验急剧流失。许多单向度的头脑，已经难以认知稍为复杂的事物，却仍不知不觉。高度趋同带来的弊端尤为杌陧，此时愈见地方性知识之可贵，抵御着日渐扁平的世界。

海洋动物的地方经验有其特殊性。所谓十里不同风，在作者的故乡胶州湾畔，湾口的两个岬角上，同一种动物的名称则截然不同，属于不同渔业社群的命名方式，或许已经历几百年的历史沉淀，形成了相对稳固的方言词汇。以海瓜子为例，东海海域一般是指彩虹明樱蛤，或者寻氏肌蛤，属于小而薄壳的贝类，形似瓜子。而在胶东地区，海瓜子指的是纵肋织纹螺，南北差异明显。即使在胶州湾内部，东岸人所称的海瓜子，在西岸则称作"海簪"。

作者并未废辍胶东方言中的名词，而是任由它们恣行无忌，于是有了海瓜子精、老板鱼精、林刀鱼精等带有地方烙印的海怪，古来未有的奇观。方言名又与学名、拉丁名鼎足而三，地方经验与普遍法则之间有了意味深长的对照，方言名称丝毫不显局促，反而野趣张扬，学名和拉丁名逊位为注脚，这正是地方经验的胜利。由此不得不重新思考名词所代表的话语体系，以及各自的指涉关系，认知的深化或许会成为可能。

值得注意的是，这套海怪图的说明文字，往往由民间故事引入，故事的讲述者早已面目模糊，时间过去了太久。大人物遗弃的冠冕衣履，在海中化作鱼虾蟹贝，特定地名下的生活故事也是民俗现场的回放——曾经生活在这里的人们，留下或愚蠢或莽撞的笑柄，后来这些人蜕化为海物，当初的脾气秉性，也带到了动物身上，故事在人性的细部引出反思，感慨遂深。

民间舞蹈和皮影的光影声色未曾远去，海怪裹挟的元气汹涌激荡，令人感奋。后来者已经登场，他用头角峥嵘的海怪对抗虚无，就连虚无也要连连后退了。

目录

壹 ——— 海虫部 ——— 七

〇〇一 长颈沙蚕 | 海蜈蚣精
Nereis longior

〇〇二 红角沙蚕 | 管蛇精
Ceratonereis erythraeensis

〇〇三 平尾盖鳃水虱 | 海虱子精
Idotea metallica

〇〇四 长颈麦秆虫 | 麦秆虫精 八
Caprella equilibra

〇〇五 美原双眼钩虾 | 海跳蚤精
Ampelisca miharaensis

〇〇六 中国毛虾 | 虾米皮精 一九
Acetes chinensis

〇〇七 大蝼蛄虾 | 蝼蛄虾精
Upogebia major

〇〇八 东方长眼虾 | 长眼虾精
Ogyrides orientalis

〇〇九 葛氏长臂虾 | 长臂虾精
Palaemon gravieri

〇一〇 日本大眼蟹 | 海沙精 二〇
Macrophthalmus japonicus

〇一一 肉球近方蟹 | 石蟹子精
Hemigrapsus sanguineus

〇一二 鲜明鼓虾 | 嘎巴虾精
Alpheus distinguendus

〇一三 口虾蛄 | 虾爬虾精
Oratosquilla oratoria

〇一四 日本囊对虾 | 斑节虾精
Marsupenaeus japonicus

〇一五 脊尾白虾 | 白虾子精
Exopalaemon carinicauda

第一〇六 **中国明对虾** | 对虾精　　　　　　　三二
Fenneropenaeus chinensis

第一〇七 **鹰爪虾** | 蚵虾精　　　　　　　　三四
Trachysalambria curvirostris

第一〇八 **三疣梭子蟹** | 梭子蟹精　　　　　三六
Portunus trituberculatus

第一〇九 **日本蟳** | 石夹红精　　　　　　　三八
Charybdis japonica

第一一〇 **豆形拳蟹** | 千人捏精　　　　　　四〇
Philyra pisum

第一一一 **十一刺栗壳蟹** | 栗壳蟹精　　　四二
Arcania undecimspinosa

第一一二 **红线黎明蟹** | 花蟹精　　　　　　四四
Matuta planipes

第一一三 **颗粒拟关公蟹** | 关爷脸精　　　四六
Paradorippe granulata

第一一四 **扁足剪额蟹** | 蜘蛛蟹精　　　　四八
Scyra compressipes

第一一五 **艾氏活额寄居蟹** | 瘌巴虾精　五〇
Diogenes edwardsii

第一一六 **弧边招潮蟹** | 大夹红精　　　　五二
Uca major

第一一七 **天津厚蟹** | 独篦子精　　　　　五四
Helice tientsinensis

第一一八 **中华虎头蟹** | 虎头蟹精　　　　五六
Orithyia sinica

第一一九 **强壮菱蟹** | 菱蟹精　　　　　　　五八
Parthenope validus

第一二〇 **红条毛肤石鳖** | 石鳖精　　　　六〇
Acanthochitha rubrolineata

第一二一 **多刺海盘车** | 海星精　　　　　　六二
Asterias amurensis

第一二二 **日本倍棘蛇尾** | 蛇尾精　　　　六四
Amphioplus japonicus

第一二三 **海燕** | 海燕精　　　　　　　　　　六六
Patiria pectinifera

壹 | 〇二四　青岛叶海兔 | 海兔子精　六八
Petalifera qingdaonensis

壹 | 〇三五　凹幕脊突海牛 | 海牛精　七〇
Okenia opuntia

壹 | 〇二六　绿侧花海葵 | 海柠精　七二
Anthopleura fuscoviridis

壹 | 〇二七　仿刺参 | 海参精　七四
Apostchopus japonicas

壹 | 〇二八　海蜇 | 海蜇精　七六
Rhopilema esculentum

壹 | 〇二九　海蟑螂 | 海蟑螂精　七八
Ligia exotica

贰 ……… 介壳部　六十　　五

贰 | 〇〇一　小刀蛏 | 小刀蛏精　八二
Cultellus attenuatus

贰 | 〇〇二　缢蛏 | 蛏子精　八四
Sinonovacula lamarcki

贰 | 〇〇三　长竹蛏 | 竹蛏精　八六
Solen strictus

贰 | 〇〇四　四角蛤蜊 | 泥蛤蜊精　八八
Mactra quadrangularis

贰 | 〇〇五　中国蛤蜊 | 飞蛤蜊精　九〇
Mactra chinensis

贰 | 〇〇六　异白樱蛤 | 香蛤蜊精　九二
Macoma incongrua

贰 | 〇〇七　凸镜蛤 | 布鸽头精　九四
Dosinia gibba

贰 | 〇〇八　菲律宾蛤仔 | 花蛤蜊精　九六
Ruditapes philippinarum

贰 | 〇〇九　青蛤 | 青蛤精　九八
Cyclina sinensis

第一〇〇 短文蛤 | 滑蛤蜊精 ......一〇〇
Meretrix petechialis

第一〇一 紫石房蛤 | 天鹅蛋精 ......一〇二
Saxidomus purpuratus

第一〇二 砂海螂 | 噘蚬精 ......一〇四
Mya arenaria

第一〇三 牡蛎 | 海蛎子精 ......一〇六
Crassostrea gigas

第一〇四 毛蚶 | 毛蛤蜊精 ......一〇八
Anadara kagoshimensis

第一〇五 凸壳肌蛤 | 海荞麦精 ......一一〇
Arcuatula senhousia

第一〇六 短滨螺 | 香波螺精 ......一一二
Littorina brevicula

第一〇七 古氏滩栖螺 | 海瓜精 ......一一四
Batillaria cumingii

第一〇八 扁玉螺 | 老娘肚脐精 ......一一六
Neverita didyma

第一〇九 横山镰玉螺 | 香螺精 ......一一八
Euspira yokoyamai

第一一〇 微黄镰玉螺 | 灰波螺精 ......一二〇
Euspira gilva

第一一一 朝鲜花冠小月螺 | 玛瑙波螺精 ......一二二
Lunella coronata coreensis

第一一二 单齿螺 | 花螺精 ......一二四
Monodonta labio

第一一三 托氏蜎螺 | 老鼠嗍波螺精 ......一二六
Umbonium thomasi

第一一四 锈凹螺 | 偏鲜精 ......一二八
Chlorostoma rustica

第一一五 纵肋织纹螺 | 海瓜子精 ......一三〇
Nassarius variciferus

第一一六 泰氏笋螺 | 锥螺精 ......一三二
Terebra taylori

白带三角螺 | 梯螺精
Trigonostoma scalariformis

疣荔枝螺 | 辣螺精
Thais clavigera

脉红螺 | 假波螺拳精
Rapana venosa

内饰乌桵螺 | 元宝螺精
Ocenebra inornata

泥螺 | 泥蚯精
Bullacta exarata

日本管角贝 | 象牙贝精
Siphonodentium japonicum

东方小藤壶 | 电牙子精
Chthamalus challengeri

鸭嘴海豆芽 | 海豆板精
Lingula anatina

西施舌 | 西施舌精
Coelomactra antiquata

白笠贝 | 半笠蛤精
Acmaea pallida

皱纹盘鲍 | 鲍鱼精
Haliotis discus hannai

斑玉螺 | 蚵玉螺精
Natica tigrina

小梯螺 | 梯螺精
Epitonium scalare minor

香螺 | 香波螺精
Neptunea cumingi

皮氏蛾螺 | 锈螺精
Buccinum perryi

紫贻贝 | 海虹精
Mytilus galloprovincialis

棱江珧 | 江珧精
Atrina pectinata

贰 | 〇四四　**海湾扇贝** | 海湾扇贝精　　　　一六八
Argopecten irradians

贰 | 〇四五　**中国不等蛤** | 金蛤蜊精　　　　　七〇
Anomia chinensis

贰 | 〇四六　**大沽全海笋** | 海笋精　　　　　　七二
Barnea davidi

贰 | 〇四七　**总角截蛏** | 双管蛏精　　　　　七四
Solecurtus divaricatus

贰 | 〇四八　**栉孔扇贝** | 栉孔扇贝精　　　　七六
Chlamys farreri

贰 | 〇四九　**管角螺** | 响螺精　　　　　　七八
Bemi fusus tuba

贰 | 〇五〇　**江户布目蛤** | 麻蛤蜊精　　　　一八〇
Protothaca jedoensis

贰 | 〇五一　**马粪海胆** | 马粪海胆精　　　　八二
Hemcentrotus pulcherrimus

贰 | 〇五二　**莱氏拟乌贼** | 笔管精　　　　　八四
Sepioteuthis lessoniana

贰 | 〇五三　**金乌贼** | 墨鱼精　　　　　　八六
Sepia esculenta

贰 | 〇五四　**双喙耳乌贼** | 墨鱼豆精　　　　八八
Sepiola birostrata

贰 | 〇五五　**长异枪乌贼** | 笔管鱼精　　　　九〇
Heterololigo bleekeri

贰 | 〇五六　**长腿蛸** | 马蛸精　　　　　　九二
Octopus minor

贰 | 〇五七　**短腿蛸** | 坐蛸精　　　　　　九四
Octopus fangsiao

叁 ——————　**鳞甲部**　　　九六 —— 二五七

叁 | 〇〇一　**扁头哈那鲨** | 七鳃鲨精　　　　一九八
Notorynchus cepedianus

叁 | 〇〇二 **皱唇鲨** | 九道箍精
Triakis scyllium
二〇〇

叁 | 〇〇二 **白斑星鲨** | 星鲨精
Mustelus manazo
二〇二

叁 | 〇〇四 **路氏双髻鲨** | 相公帽精
Sphyrna lewini
二〇四

叁 | 〇〇五 **短吻角鲨** | 锉鱼精
Squalus brevirostris
二〇六

叁 | 〇〇六 **许氏犁头鳐** | 犁头鱼精
Rhinobatos schlegeli
二〇八

叁 | 〇〇七 **中国团扇鳐** | 团扇鱼精
Platyrhina sinensis
二一〇

叁 | 〇〇八 **斑鳐** | 老板鱼精
Okamjei kenojei
二一二

叁 | 〇〇九 **赤魟** | 黄盆鱼精
Dasyatis akajei
二一四

叁 | 〇一〇 **黑线银鲛** | 海兔子精
Chimaera phantasma
二一六

叁 | 〇一一 **斑鰶** | 斑鰶鱼精
Konosirus punctatus
二一八

叁 | 〇一二 **青鳞小沙丁鱼** | 箍眼匠精
Sardinella zunasi
二二〇

叁 | 〇一三 **鳓** | 白鳞鱼精
Ilisha elongata
二二二

叁 | 〇一四 **鳀** | 鳀鱼精
Engraulis japonicus
二二四

叁 | 〇一五 **黄鲫** | 黄鲫精
Setipinna tenuifilis
二二六

叁 | 〇一六 **刀鲚** | 刀鲚鱼精
Coilia nasus
二二八

叁 | 〇一七 **大银鱼** | 银鱼怪
Protosalanx hyalocranius
二三〇

叁 | 〇一八 **长蛇鲻** | 沙梭精
Saurida elongata
二三二

日本鳗鲡丨白鳝鱼怪丨 ⋯三四
Anguilla japonica

海鳗丨济沟鱼精丨 ⋯

尖嘴柱颌针鱼丨双针鱼精丨 ⋯八
Strongylura anastomella

简氏卜鲦鱼丨针亮子鱼精丨 ⋯一四〇
Hyporhamphus sajori

蓝鳍燕鳐丨燕子鱼怪丨 ⋯四
Cheilopogon cyanopterus

太平洋鳕丨大头鱼怪丨 ⋯四四
Gadus macrocephalus

冠海马丨海马精丨 ⋯四八
Hippocampus coronatus

舒氏海龙丨杆生鱼精丨
Syngnathus schlegeli

油䲡丨香板鱼精丨
Sphyraena pinguis

鲻丨鲻鱼精丨
Mugil cephalus

鲅丨板鱼怪丨 ⋯
Pneumatophorus japonicus

花鲈丨鲈鱼精丨
Lateolabrax japonicus

多鳞鱚丨沙钻鱼精丨
Sillago sihama

竹筴鱼丨刺鲅鱼精丨
Trachurus japonicus

沟鲹丨黑鲜鲜精丨
Atropus atropos

黄尾鰤丨黄犍子鱼精丨 ⋯五四
Seriola lalandi

黑鳍髭鲷丨将屌鱼精丨
Hapalogenys nigripinnis

卷 〇三六　臀斑髭鲷 | 刺盆鱼精　　　　　　　二六八
Hapalogenys analis

卷 〇三七　黑鳃梅童鱼 | 大头宝精　　　　　　二七〇
Collichthys niveatus

卷 〇三八　黄姑鱼 | 黄姑子鱼膘　　　　　　　二七二
Nibea albiflora

卷 〇三九　鮸 | 鳖鱼精　　　　　　　　　　　二七四
Miichthys miiuy

〇四〇　银姑鱼 | 白姑鱼精　　　　　　　　　二七六
Pennahia argentata

〇四一　皮氏叫姑鱼 | 叫姑子鱼精　　　　　　二七八
Johnius belengerii

〇四二　小黄鱼 | 小黄鱼精　　　　　　　　　二八〇
Larimichthys polyactis

〇四三　黑棘鲷 | 黑加吉鱼精　　　　　　　　二八二
Acanthopagrus schlegelii

〇四四　真赤鲷 | 红加吉鱼精　　　　　　　　二八四
Pagrus major

〇四五　海鲫 | 海刀子精　　　　　　　　　　二八六
Ditrema temminckii

〇四六　吉氏绵鳚 | 绘光精　　　　　　　　　二八八
Zoarces gillii

〇四七　玉筋鱼 | 面条子鱼精　　　　　　　　二九〇
Ammodytes personatus

〇四八　小带鱼 | 梳刀鱼精　　　　　　　　　二九二
Eupleurogrammus muticus

〇四九　鲐 | 鲐鲅鱼精　　　　　　　　　　　二九四
Scomber japonicus

〇五〇　蓝点马鲛 | 鲅鱼精　　　　　　　　　二九六
Scomberomorus niphonius

〇五一　鲦鲔 | 鲔鱼精　　　　　　　　　　　二九八
Katsuwonus pelamis

〇五二　矛尾虾虎鱼 | 光鱼精　　　　　　　　三〇〇
Chaeturichthys stigmatias

IX

叁 | 〇五三 纹缟虾虎鱼 | 狗光鱼精 三〇二
Tridentiger trigonocephalus

叁 | 〇五四 拉氏狼牙虾虎鱼 | 牙鳕鱼精 三〇四
Odontamblyopus lacepedii

叁 | 〇五五 弹涂鱼 | 海狗精 三〇八
Periophthalmus modestus

叁 | 〇五六 许氏平鲉 | 黑寨鱼精 三〇八
Sebastods schlegelii

叁 | 〇五七 日本鬼鲉 | 海蝎子精 三一〇
Inimicus japonicus

叁 | 〇五八 短鳍红娘鱼 | 红头鱼精 三一二
Lepidotrigla microptera

叁 | 〇五九 刺绿鳍鱼 | 绿鳍鱼精 三一四
Chalidonichthys spinosus

叁 | 〇六〇 斑头六线鱼 | 黄鱼精 三一六
Hexagrammos agrammus

叁 | 〇六一 鲬 | 摆驾鱼精 三一八
Platycephalus indicus

叁 | 〇六二 鳄鲬 | 大眼骡子鱼精 三二〇
Cociella crocodilus

叁 | 〇六三 褐牙鲆 | 偏口鱼精 三二二
Paralichthys olivaceus

叁 | 〇六四 高眼鲽 | 鼓眼鱼精 三二四
Cleisthenes herzensteini

叁 | 〇六五 圆斑星鲽 | 花片鱼精 三二六
Verasper variegatus

叁 | 〇六六 带纹条鳎 | 花鞋底精 三二八
Zebrias zebrinus

叁 | 〇六七 半滑舌鳎 | 舌头鱼精 三三〇
Cynoglossus semilaevis

叁 | 〇六八 鲫鱼 | 印头鱼精 三三二
Echeneis naucrates

叁 | 〇六九 三刺鲀 | 炮台架精 三三四
Triacanthus biaculeatus

参 | 〇一〇 **绿鳍马面鲀** | 扒皮郎精 　一三六
Thamnaconus modestus

参 | 〇一一 **虫纹东方鲀** | 面廷巴鱼精 　一三八
Takifugu vermicularis

参 | 〇一二 **红鳍东方鲀** | 黑廷巴鱼精 　一四〇
Takifugu rubripes

参 | 〇一三 **黄鮟鱇** | 海蛤蟆鱼精 　一四二
Lophius litulon

参 | 〇一四 **文昌鱼** | 文昌鱼精 　一四四
Branchiostoma

参 | 〇一五 **细纹狮子鱼** | 海孩子鱼精 　一四六
Liparis tanakae

参 | 〇一六 **方氏锦鳚** | 高粱叶精 　一四八
Pholis fangi

参 | 〇一七 **日本眉鳚** | 老头鱼精 　一五〇
Chirolophis japonicus

参 | 〇一八 **青膳** | 舌鱼精
Gnathagnus elongatus

参 | 〇一九 **鲸鲨** | 豆腐鲨精 　一五二
Rhincodon typus

参 | 〇二〇 **白鲟** | 白鲟精 　一五六
Psephurus gladius

肆 …… **海兽部** 一五八 —— 一七三

肆 | 〇〇一 **斑海豹** | 海豹精 　一六〇
Phoca largha Pallas

肆 | 〇〇二 **儒艮** | 海牛精 　一六八
Dugong dugon

肆 | 〇〇三 **北海狗** | 海狗精 　一六四
Callorhinus ursinus

鲸 | 〇〇四 江豚 | 海猪精
Neophocaena phocaenoides
三六六

鲸 | 〇〇五 抹香鲸 | 大头鲸精
Physeter microcephalus Linnaeus
三六八

鲸 | 〇〇六 棘吡海蛇 | 海蛇精
Acalyptophis peronei
三七〇

鲸 | 〇〇七 海龟 | 海龟精
Chelonia mydas
三七二

伍 藻菜部

三七四 —— 三九五

藻 | 〇〇一 浒苔 | 浒苔精
Enteromorpha prolifera
三七六

藻 | 〇〇二 羊栖菜 | 鹿角尖精
Sargassum fusiforme
三七八

藻 | 〇〇三 大叶藻 | 海草精
Zostera marina
三八〇

藻 | 〇〇四 角叉菜 | 鹿角菜精
Chondrus ocellatus
三八二

藻 | 〇〇五 萱藻 | 海麻线精
Scytosiphon lomentarius
三八四

藻 | 〇〇六 石莼 | 海白菜精
Ulva pertusa
三八六

藻 | 〇〇七 石花菜 | 冻菜精
Gelidium amansii
三八八

藻 | 〇〇八 紫菜 | 紫菜精
Porphyra
三九〇

藻 | 〇〇九 海蒿子 | 海蒿子精
Sargassum pallidum
三九二

藻 | 〇一〇 海带 | 昆布精
Laminaria japonica
三九四

陆 —— **异幻部** 三九六 —— 四一五

陆 | ○○一　沙伥　　　　　　　　三九八

陆 | ○○二　鱼伥　　　　　　　　四○○

陆 | ○○三　屐伥　　　　　　　　四○三

陆 | ○○四　涌伥　　　　　　　　四○四

陆 | ○○五　礁伥　　　　　　　　四○六

陆 | ○○六　潮伥　　　　　　　　四○八

陆 | ○○七　替代　　　　　　　　四一○

陆 | ○○八　滩鬼　　　　　　　　四一二

陆 | ○○九　海和尚　　　　　　　四一四

后记　　　　　　　　四一六

壹

海虫部

Sea Worm Department

长须沙蚕

Nereis longior

海蚰蜒精

莱州陆有古柳，其芯寄居有六尺蜈蚣，日久，背生赤翅，能飞走。某年，胶莱海气入侵，裹挟古柳入海，蜈蚣未能逃，遂化为此怪。此怪由其日久，修成内丹，故常持法宝丹葫芦，逞名医国手，云能包治百病，误信者深受其毒。

长须沙蚕

胶东沿海称其为"海蚰蜒"，属环节动物多毛纲，沙蚕属。体长，生活于沿海滩涂、软泥中。渔民多用其做"鱼饵"。分布于中国渤海、黄海、东海。

海虫部 Sea Worm Department

海蛐蜓精

红角沙蚕

Ceratonereis erythraeensis

管蛇精

此怪未成人形，相传为魏武帝东临碣石，野餐，席间弃鸡肋于海上，鸡肋受口封，幻化此物，日久成精。此怪性恶，常伏滩涂，捕食夜间赶海者，用金属之物可避之。

红角沙蚕

由于其居住在粗砂管里，或软泥管里，故胶东地区多取其生存特性，称其为"管儿蛇"。此物多生长于胶东地区潮间带，常被渔民采集出售，做垂钓鱼饵之用。分布于中国渤海、黄海、东海、南海。

管蛇精

平尾盖鳃水虱

Idotea metallica

海虱子精

民间传说。天虫白蛾入海，受潮气所侵，翅脱，化为虱。虱日久作祟。常藏于舱中使人生病。以鲜草榨汁，浇船，可解。

海虱子

学名曰"平尾盖鳃水虱"。身体呈褐色或赤褐色。身体向两边弯曲，头呈四角形，眼大，位于侧缘。分布于各地海岸，常附着于漂流海藻之上。此物性寒，凉，有化痰补气之功效。

长颈麦秆虫

Caprella equilibra

麦秆虫精

胶东半岛有麦收焚麦秆之俗。传农历十六夜间焚麦秆，麦秆之中有贪虫会随烟火升腾。飘去海中者，化物为怪。此怪凶，多藏于藻林，能使水温降。潜水采珠者多忌见之。

长颈麦秆虫

头部平滑，角状，螯似螳螂。体短小，相貌怪异。栖息于潮间带。此物形微小常被忽略。

麦秆虫精

美原双眼钩虾

Ampelisca miharaensis

海跳蚤精

北极寒地有"冰鼠"，状巨大，寄居于冰下。冰融，入寒水此物自死，而寄居于其身之"寒蚤"却入海化为精怪。传说此物寄生体内，吸取精血，人可见奇珍异宝，绝类"鳖宝"。故好利之徒趋之若鹜。

美原双眼钩虾

形似跳蚤，故胶东沿海称其为海跳蚤。多数营底栖生活，主要生活在海底基质的表面或内部，其中穴居于泥沙中的种类较多。

海跳蚤精

中国毛虾

Acetes chinensis

虾米皮精

民间传说，有巨龟从大洋托陆地。巨龟甲隙有虫曰"毫末"，每月初一、十五从甲隙溢出，化为此物，日久成精。此精护水府，巡于海，有异，则密集出现。有预警之用。

虾米皮

指浮游生物"中国毛虾"之干品。中国毛虾是樱虾科毛虾属的虾类。体形小，侧扁，具一对长眼柄，可在混浊水体中辨清目标，所以常年生活于水质较肥的水域，为中国特有种类，尤以胶东半岛水域居多。

蝦米皮精

大蝼蛄虾

Upogebia major

蝼蛄虾精

传说鲧窃天帝之"息壤"治水，天帝怒而杀鲧。息壤里有虫曰"铜头"，能克五金，钻地洞。随洪水入海，成此物，日久为怪。此怪着犀甲，守苦卤之水。

大蝼蛄虾

头胸甲侧扁形，额角呈宽而短的三角形，其背面隆起部分具有颗粒状突起，突起的周围密生短刚毛，颈沟在头胸甲中部，在头胸甲前侧缘有刺。中国黄海，胶州湾，大连常见。《中国药用海洋生物》载："性味:甘;微咸;性温。功能:通经下乳。主用于产妇乳汁过少，适量煎服。"

蟒蛄蝦精

东方长眼虾

Ogyrides orientalis

长眼虾精

西番国有民曰"纵目",国民多目穷千里之外。民越洋,亡于海上,投入水,皆化虾族。长眼纵目,擅远观,常随水府水族精怪效鞍马之劳。

东方长眼虾

相怪异。体细长。额短小。背面三角形。眼小,眼柄长。约为胸甲的一半。栖息于泥底或沙海底,常潜伏于泥沙中。

長眼蝦精

葛氏长臂虾

Palaemon gravieri

长臂虾精

古时莱州府有民妇葛氏，家巨富，葛氏女面若饼，且喜收敛，常在集市收敛无用之物堆于房，家人不胜其烦。关其房。日久，葛氏女遇异人，授异术，可令其右臂张长，伸至街肆攫取货物。家人深以为耻，某年乘船，葛氏突入水，化为水精，为此物。由其臂长，常为水府指挥传令之职。

葛氏长臂虾

体形较短，步足细长，额翔长，上缘基部平直，末端甚细，稍向上翘。第一和第二步足甚长，末端钳状。体淡黄色，具有棕红色斑纹。分布于中国浙江以北各沿海。

長臂蝦精

日本大眼蟹

Macrophthalmus japonicus

海涝精

芝罘有"香客"，逢冬至前来胶东，以耙笼盛香，衣物过水。一日海涨，耙笼入水而去。化为蟹。日久为精怪。此怪为竹器所化，多腿臂长而坚，故为水府指挥。

日本大眼蟹

壳长方形，表面具颗粒及软毛，雄性尤密，胃区略呈心形。穴居于近海潮间带或河口处的泥沙滩上。中国广东、福建、浙江、山东沿海均有分布。此蟹微寒，凉。有平肝益气之效。

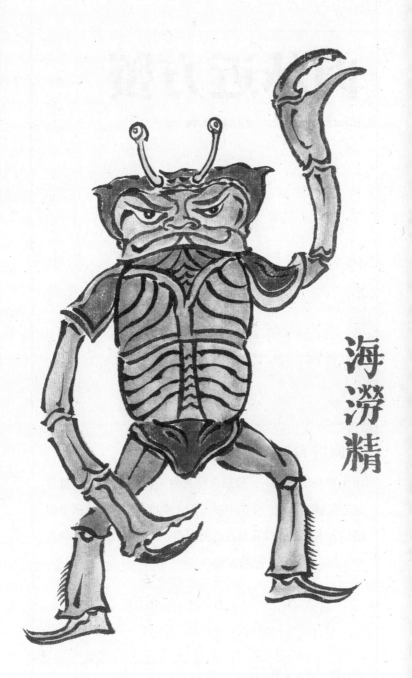

海�47精

肉球近方蟹

Hemigrapsus sanguineus

石蟹子精

传大荒西有石滩。有玄色黑石，极小巧，随飓风吹入东海，入水则生爪为蟹。日久成精。此精怪小巧，圆滑。多工于计谋。为水府账房之职。

肉球近方蟹

由于寄生于石头下，胶东人称其为"石蟹子"。为弓蟹科近方蟹属的动物。头胸甲呈方形，宽度大于长度，前半部稍隆，表面有颗粒及血红色的斑点，后半部较平坦，颜色亦较淡，分布于中国各沿海。

石蟹�子精

鲜明鼓虾

Alpheus distinguendus

嘎巴虾精

传崂山太清宫后有神迹曰"飞来剪"，其状如剪，其色类铁石。宫内道人传言，某年突空中如雷，此物坠于宫后。某年，突受雷击，此物碎为数块，坠于海，化为虾怪，为此类。此怪常雨天出现，从后突发巨响，将人吓晕。乐此不疲。

鲜明鼓虾

鲜明鼓虾体色鲜艳美丽，繁殖期在秋季，卵产出后抱于雌性腹肢间直到孵化。鼓虾遇敌时开闭大螯之指，发出响声如小鼓，故称鼓虾。中国浙江沿海以北均有分布。鼓虾性味甘，咸，温。有通经下乳之效。

嘎巴蝦精

口虾蛄

Oratosquilla oratoria

琵琶虾精

民间相传，四大圣闹天宫，齐天大圣斗四天王，将广目天王法宝碧玉琵琶打碎，琴颈断，琴头跌落于东海，化为虾怪。此怪通音律，晓天数。为水府悍将。

口虾蛄

胶东一带称为"琵琶虾""虾爬""虾虎"。躯体平扁，头胸甲短，胸节外露，能曲折。有一对足呈螳臂状，有锐齿，是捕食和御敌的利器。中国沿海均产，以黄海、渤海、胶州湾产量大。

琵琶蝦精

日本囊对虾

Marsupenaeus japonicus

斑节虾精

登州有马，名曰"虎类豹"，体黄，有虎斑。能日行千里。马过百岁，投入海，化为虾精。多为水府良臣。此怪敏捷好动。常随浪跃出水面。见之者多鱼获。

日本囊对虾

别名车虾、斑节虾、竹节虾，体被蓝褐色横斑花纹，尾尖为鲜艳的蓝色。额角微呈正弯弓形。栖息于沙泥底，具有较强的潜沙特性。中国北部沿海均有分布。

斑節蝦精

脊尾白虾

Exopalaemon carinicauda

白虾子精

传有怪道人，游各地，乞讨于市，每得银钱，便买粉食。到无人处便呕吐。吐之物化为虾游走。人称"虾子道人"，道人呕吐之虾，即为此类，日久幻化为怪。此怪善隐形。常随路人其后，猛现身，化人形，路人惊骇，精怪却以此为乐。

脊尾白虾

胶东地区称为"白虾"。虾体色透明，微带蓝色。栖息于中国北部近岸和浅海中。此虾性味温，平，甘。有滋阴健胃之效。

白蝦子精

中国明对虾

Fenneropenaeus chinensis

对虾精

有散仙骑虾自东来，仙乃去，去时日，虾存千年为蛟，万年为精。万年后，此物为精，能化人形，做人语。出入神仙之府，颇得上仙赏识。

中国明对虾

又称东方对虾，旧称中国对虾，过去常因成对出售，故称对虾。偏黄色对虾为雄性对虾，偏青色对虾为雌性对虾。中国南北各海均产，尤以渤海、黄海最多。《本草纲目拾遗》："对虾，补肾兴阳；治痰火后半身不遂，筋骨疼痛。"

對
蝦
精

鹰爪虾
Trachysalambria curvirostris

蛎虾精

唐时有蝗虫自西北来，民多畏之，有名相姚崇斥其妖异，并请上敕其入东海。群蝗飞入海，化为蛎虾。日久成精。

鹰爪虾

俗名蛎虾，因其腹部弯曲、形如鹰爪而得名。体较粗短，甲壳很厚，表面粗糙不平。鹰爪虾喜欢栖息在近海泥沙海底，昼伏夜出，胶东地区沿海均有分布。

蝌蝦精

三疣梭子蟹

Portunus trituberculatus

梭子蟹精

传天河有定河之金梭、银梭。天河每年六月二十二日与海相交。金梭随河入海，不归，化为此物。此物力大勇猛，水府敕封为平海大将军。

三疣梭子蟹

有些地方俗称"尖蟹"。因头胸甲呈梭子形，故名梭子蟹。甲壳的中央有三个突起，所以又称"三疣梭子蟹"，属于节肢动物。雄性脐尖而光滑，螯长大，壳面带青色；雌性脐圆有绒毛，壳面呈赭色，或有斑点。分布于中国辽东半岛，山东半岛，江苏、浙江和福建沿海。《中国药用海洋生物》载："药用部位：肉，内脏，壳。肉和内脏：性味咸，寒。壳：性味咸，凉。肉和内脏用于漆疮，湿热，产后血闭。壳用于无名肿毒，乳痛，冻疮，跌打损伤。"

海虫部 Sea Worm Department

梭子蟹精

日本蟳
Charybdis japonica

石夹红精

传山东即墨有地名曰"魔牛头"，地产异石，白天伏而夜间动。世人习以为常。某年海侵，异石多不见。化为蟹，躲于礁石之下。日久为怪。力大，刚猛，多擅伏击。敕封安海大将军。

日本蟳

胶东地区称之为"石夹红"。色青而钳红。螯足强大，不大对称，第四对步足像桨，适于游泳，多居住于潮间带石头下。中国沿海均有分布，肉味鲜美。《本草纲目拾遗》："主小儿闪癖，煮食之。"《日华子本草》："解热气，治小儿痞气。"

石夹紅精

豆形拳蟹

Philyra pisum

千人捏精

隋炀帝征高丽时，征民夫造船，昼夜不息，民夫多烂亡于水，枯骨沉于水，怨气不散，髑髅化为蟹，甲壳坚硬无比，日久成精。此精持钳，千人莫近其身。

豆形拳蟹

属玉蟹科，是生活在河口附近的潮间带螃蟹，体形相当小，长相有如一颗豆子。它们的外壳相当坚硬，因此有"千人捏不死"的外号。中国各沿海均有分布。此蟹性味寒，凉，有治跌打损伤之效。

千人捏精

十一刺栗壳蟹

Arcania undecimspinosa

栗壳蟹精

东海之滨有一刺栗树，树有树洞，传通海底。树旁有古井，常夜有光，有好事之徒淘井，得古栗数枚，此后怪事无。古栗弃树洞下，得入东海，化为蟹。日久成精。此精好斗，守通道，得信物者可随其入水府。

十一刺栗壳蟹

此蟹头胸甲几乎呈圆形，长度稍大于宽度。背面隆起，密具锐颗粒，分区可辨。螯足瘦长，长节呈圆柱形，微弯，表面密布颗粒。栖息于深水的泥质砂、砂质泥或软泥中。此蟹性味寒，凉，中国沿海均有分布。主治跌打损伤，有清热利尿之效。

栗壳蟹虫精

红线黎明蟹

Matuta planipes

花蟹精

东胶东之滨有故河，河产黄颡鱼，鱼死千年头骨不化。状如琥珀。有深耕者，赤其脚，被鱼骨划伤，鱼骨得人精血，日久作怪。入海，化为此物。日久为精。此精怪多夜间出，巡五洋之底。人莫可辨。

红线黎明蟹

身体呈浅黄绿色，蟹壳背面布满了紫红色的不规则线圈状花纹，这就是它的名字中"红线"的由来。而它的名字中"黎明"一词是因为这种螃蟹大多是在夜晚近黎明的时间活动。生活于细、中沙或碎壳泥质沙底。中国沿海均有分布。此蟹性味咸，温。破血，通经，下乳。用于月经不调，宿食不消，乳汁不足等症。

花蟹精

颗粒拟关公蟹

Paradorippe granulata

关爷脸精

蜀中有魔曰"盐枭"，此物若枯木，可使盐减产。唯张桓侯可制。胶东有怪曰"卤极"，状如樟柳根，可令海水死。水族俱惧之。此魔怪皆乃上古蚩尤之遗属。唯关王可伏。水族诉于关王，此怪见关王至，便遁走。关王敕令此蟹壳生关王脸型，慑其怪，怪惧关王威，遇此蟹则远遁。

颗粒拟关公蟹

头胸甲长大于宽，背面有沟痕和隆起，犹如中国古典戏剧中的关公脸谱。生活在浅海泥砂质海底。中国沿海均有分布。此物性味甘，平。有祛邪养正之效。

關爺臉精

扁足剪额蟹

Scyra compressipes

蜘蛛蟹精

度朔山有桃林。桃实后，为精卫鸟所食，桃核衔于海，投入其中。沉于底，俱五足，化为蟹，即此类。日久成精。此精柔弱。多躲于泥底。

扁足剪额蟹

胶东地区俗称蜘蛛蟹。头甲呈三角形，背面隆起，分区明显。胃区大。光滑，有凸起。栖息于泥质沙，或软泥里。中国黄海、渤海及东海近岸均有分布。此蟹性味寒，凉，主治小儿惊风等疾。

蜘蛛蟹精

艾氏活额寄居蟹

Diogenes edwardsii

痴巴虾精

胶东地区有老夫妇，对其子溺爱，其子好逸恶劳，家产败光，老夫妇忧愤归西，其子流离失所，靠捡食死鱼烂虾为生。某日发现一大螺壳，遂遁入其中。昼伏夜出，日久成此怪。

艾氏活额寄居蟹

胶东地区称"痴巴虾"，又名"白住房""干住屋"，故名。其外形介于虾和蟹之间，多数寄居于螺壳内。体形长，分头胸部及腹部。中国沿海均有分布。《中国海洋药物辞典》载："全体入药。有活血散瘀，滋阴补肾，壮阳，健胃，除湿热，利小便之功效。主治瘀血腹痛，眩晕耳鸣，跌打损伤，腰膝酸软，阳痿，遗精，小便不利等症。"

海虫部　Sea Worm Department

痴巴蝦精

弧边招潮蟹

Uca major

大夹红精

琅琊以西有小国，名曰"邪国"。其国民矮小，肤黑，善结党。此国南，有民女孙氏，面若盘，力极大，孝父母，常代其父耕于田。日久，臂力惊人。因其面貌惊人，无人敢娶之为妻。其父母亡故后，投于水，化为此怪。此怪常在月圆之夜登礁石挥舞长臂，国灭，乡民不知其挥臂何意也。

弧边招潮蟹

胶东称其为"大夹红"，因其有两螯，一巨大色红，一萎缩色暗，故名。此蟹头胸是甲梯形，前宽后窄。额窄，眼眶宽，有一对火柴棒般突出的眼睛，眼柄细长。栖居在盐和苦咸水的海滩，在泥泞的领域生存，营穴居生活。中国沿海滩涂均有分布。

大夾紅精

天津厚蟹

Helice tientsinensis

独笼子精

莱州有玉，产于土，多用于雕刻，温润可爱。有方氏女，多好此物，藏于房，秘不示人。日久，人之执念注入此物，时常作怪。某年暴雨，所有玉件皆化为蟹逃遁。日久化为此物。此怪守滩涂，贪食。常偷食渔民食物。渔民亦不为怪也。

天津厚蟹

胶东地区俗称"独笼子"或"嘟噜子"，此蟹头胸甲略呈方形，背呈青褐色，足无毛，大爪特粗，盖内有黄。雄性螯足较大，雌性螯足较小，螯足没毛，步足有毛。栖息于河口海滩。中国北部沿海均有分布。此物性味温，凉。专治食欲不振等症。

獨籠子精

中华虎头蟹

Orithyia sinica

虎头蟹精

莱州有虎，名曰"山虎"。色褐，身轻，体略小。能捕飞禽走兽。越百年，能入水，化为蟹。日久为精。性勇猛。有威名。为水府提督。

中华虎头蟹

外形奇特，色泽鲜艳，头胸甲圆形，表面有颗粒状隆起，在前部及中部特别显著；鳃区各有一个呈深紫色圆斑，如虎眼状；腹部雄性短小呈三角形，雌性卵圆形。栖息于中国北部沿海浅海泥沙底。此蟹性味咸，平。有散结化瘀之效。

海虫部　Sea Worm Department

虎頭蟹精

强壮菱蟹

Parthenope Validus

菱蟹精

传说北海之外有大蟹，即为此类，蟹背宽百里，上有山峰，名曰"焦螟之山"。蟹动，则山沉于水。此怪多见于外海。

强壮菱蟹

此蟹头胸甲呈菱角形，螯足壮大，长节呈三棱形，背面具一列疣状突起。此物性味寒，湿，咸。有安神，去邪气之效。

菱蟹精

红条毛肤石鳖

Acanthochitona rubrolineata

石鳖精

相传古时，有虵蜡虫，食阴火烬，入海所化之物，日久修炼成精。此怪盔厚，刀枪不入，持长刀舞，龙宫仪仗出巡多有随从。

红条毛肤石鳖

胶东地区常见为"毛肤石鳖"。此物身体呈长椭圆形，背部有八块壳片，其上具针，呈刺状或簇状。中国分布于渤海、黄海、东海及南海沿岸。《中国海洋药物辞典》载："有软坚散结，活血止痛，清热解毒之功效。主治淋巴结核，麻风病等症。"

石鰲魚精

多刺海盘车
Asterias amurensis

海星精

传天有五明宫，为真人讲道之所，有星鱼常听真人布道，某年，从五明宫坠于海，化为此物。日久成精。此精知天命，多隐于石礁之下。人莫得见。

多刺海盘车

俗称海星，星鱼。表面为蓝紫色，腕边缘、棘和背面突起均为浅黄色至黄褐色，口面为黄褐色。栖息于潮间带的沙底或石砾底。分布于中国黄海、渤海及胶东海域沿岸。《中国药用海洋生物》载："味咸、性平。具有平肝镇惊，制酸和胃，清热解毒之功效。用于胃溃疡，腹泻，癫痫等症。"

海虫部　Sea Worm Department

海星精

日本倍棘蛇尾

Amphioplus japonicas

蛇尾精

上古，北狄有凶水，有怪名曰"九婴"，为水火之怪，能喷水吐火，声如婴儿啼哭，有九头，五尾，故称九婴。尧时出，作害人间，后被羿射杀。五尾被斩下，弃之于水，而性不死，化为此怪。此怪性伶俐，凶顽。群居。见之用酱油可驱离。

日本倍棘蛇尾

体扁平，呈星状，褐色，腕末端呈灰褐色或灰色，腹面略浅。常潜栖于潮间带泥沙滩内，常把两个腕的末端、触手等露在沙外。中国黄海，渤海的胶东海区沿岸均有分布。

蛇尾精

海燕
Patiria pectinifera

海燕精

传北海之内有山，名曰幽都之山。黑水出焉，其上有玄鸟，玄鸟入水，化为此物，日久为怪。此怪多现于水底，见游泳之人，则缠绕入水，将其溺亡。传此怪为良药，得此怪以盐卤，得汁水，可使盲目复明。

海燕

又称海星，海五星，体扁平，呈五角形星状；其中央部称为体盘，体盘背面向上部分，称为反口面，有覆瓦状排列的骨板；反口面外表颜色变化很大，通常呈深蓝色和丹红色交杂排列。中国黄海、渤海北部均有分布。《本草纲目》载："阴雨发损痛，煮汁服，取汉即解。亦入滋阴药。"

海燕精

青岛叶海兔

Petalifera qingdaonensis

海兔子精

月宫有仙兔，产于乳山，食不死药升仙。升仙前蜕凡皮，凡皮入海化为此物，日久成精。此精善吐纳之术。逢月夜，出于海岛，望月吐纳。有生人来便投于水。

青岛叶海兔

俗称"海兔子"。是软体动物门、腹足纲、裸鳃目的统称，因其头上的两对触角突出如兔耳而得名。海兔性寒，味甘，可食。渔民多用它做海兔酱。

海兔子精

凹幕脊突海牛

Okenia opuntia

海牛精

秦时，五龙河湾水患，官府铸铁牛镇水，名曰"望海吼"。至汉时，某年海啸，失其所在。据说化为此精怪。此怪为金精所化，逢大雾，会在海中吼叫。只闻其声，未辨其形。

凹幕脊突海牛

背部有一对嗅角，嗅角通常柄部明显，状如牛的头角，故名。栖息于潮间带石下。

海牛精

绿侧花海葵

Anthopleura fuscoviridis

....

海杵精

传古时有凶鸟曰"鬼车"，有十首，后被犬咬其一首，剩九首。弃首落水，化为此物，日久成怪。此怪伏于水，能伸缩,善喷热液。以糯米和白醋可解。

....

绿侧花海葵

海葵胶东地区俗称"海杵"。为单体的两胚层动物，无外骨骼，形态、颜色和体形各异，其桶形躯干，上端有一个开口，开口旁边有触手，触手起保护作用，上面布有微小的倒刺，还可以抓紧食物。栖息于浅海和岩岸的水洼或石缝中。《中国药用海洋生物》载："此物性味:辛，温，功能:滋阴壮阳，止泻，驱虫。用途:用于痔疮，白带过多，腹泻，蛲虫病，体癣等症。"

....

海杆精

仿刺参
Apostchopus japonicas

海参精

有神农氏用赭鞭鞭百草，解草性，有人参精不甘受鞭，乃逃。入海化为此怪。此怪春秋时节常出于海，见人则吐肠而去。

仿刺参

体近圆柱形，背面遍布许多大小不等的圆锥形的疣足（肉刺），排列不规则。生活时体色变化较大，多为橄榄绿灰色，并间有绿、黄、红和黑色斑点或斑纹。栖息于水下礁石区。中国黄海、渤海均产。《本草从新》载："补肾益精，壮阳疗萎。"《随息居饮食谱》载："滋阴，补血，健阳，润燥，调经，养胎，利产。凡产后、衰老尫孱，宜同火腿，猪羊肉煨食之。"

海参精

海蜇

Rhopilema esculentum

海蜇精

传墨水河之滨有物，状如笸斗，麦黄时出于东。秋分时没入地。夜间出，出则有瘟。后有仙人柴世宗做渔夫相以船篙打入海，化为此怪。此怪古怪，常倒浮于水，设幻境伏人。

海蜇

身体呈铃形或倒置的碗形，或伞形。海蜇常成群浮游于海面。八九月份出现于胶东沿海，捕后用石灰、明矾浸制。再榨去其体中水分，洗净，盐渍。一般伞体部和口腕部分开加工，口腕部俗称"海蜇头"，伞体部俗称"海蜇皮"。《中国海洋药物辞典》载："药用部分：海蜇皮。有清热解毒，软坚散结，降压的功效。主治慢性气管炎、哮喘、高血压、胃溃疡等症。"

海虫部　Sea Worm Department

海蜇精

海蟑螂

Ligia exotica

海蟑螂精

有鼠妇居于舟，食禹余粮，又饮海水，化为此物。日久成精。此怪蝇营狗苟。擅窃，码头货场，有流资之地多见之。

海蟑螂

一种常见的岸栖甲壳类，鲜少在海中活动，但遭遇危险会逃入海中，以生物尸体及有机碎屑为食，为食腐动物。有七对步足，及一双复眼，因貌似蟑螂而得名。海蟑螂是生活在高潮带的生物。

海蟑螂精

贰

介売部

Shell Department

小刀蛏

Cultellus attenuatus

小刀蛏精

上古时期，胶东有古东莱国，国之东南有铜铸兵，弃残刀头于海湾，日久成精。常在阴雨之夜作祟，持双刀而舞，见者多发热。唯怕炭火。

小刀蛏

属刀蛏属，贝壳长条形，侧扁，前端圆，后端尖。常见于胶东沿海浅海。

介壳部　Shell Department

蛏蛏

Sinonovacula lamarcki

蛏子精

胶莱之国上古多产"明水"，其水中出雄黄，雄黄被鸡所食，日久不化，后鸡生鸡宝入海，则化之为怪。此怪阴暗，多含水喷人，被喷中者多患热病，服热醋汤可解。

蛏蛏

胶东地区称其为"蛏子"。此物贝壳呈长方形，常见于中国沿海地区浅海潮间带。《本草求真》载："蛏，性体属阴，故能解烦涤热，然惟水衰火盛者则宜。若使皮骨受冷，服之必有动气泄泻之虞矣。"

蛏子精

长竹蛏

Solen strictus

竹蛏精

古夷族有俗，逢大事，将卜辞，事由刻于竹筒，投入海。竹筒日久成精。此精常夜间出，发幽光。性胆小，见人即失其所在。凡人食其肉可见水府之怪。

长竹蛏

贝壳延长形，两壳合抱，呈竹筒状，前后端开口。常见于中国沿海地区潮间带泥沙滩底。《中国药用海洋生物》载："功能：消瘿瘤，止带下。用途：用于赤白带下，瘿瘤等。"肉滋补，清热，除烦。

竹蛏精

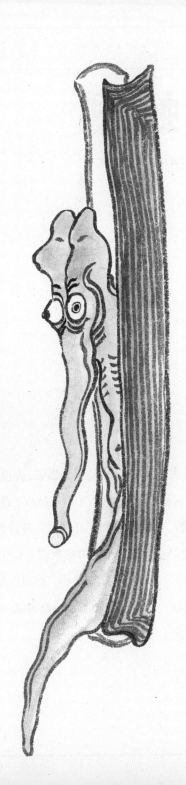

四角蛤蜊

Mactra quadrangularis

泥蛤蜊精

此怪产于上古时期，有客星坠于胶东，白昼能见其光，星石入海，化此物，日久成精。

四角蛤蜊

俗称"泥蛤蜊"。贝壳呈四角形，两壳极为膨胀，壳顶凸出。常见于中国沿海地区潮间带泥沙里。《本草经疏》载："蛤蜊其性滋润而助津液，故能润五脏，止消渴，开胃也。咸能入血，软坚，故主妇人血块及老癖为寒热也。"《本草纲目》载："寒制火而咸润下，故能降焉；寒散热，而咸走血，故能消焉；坚者软之以咸，取其属水而性润也；湿者燥之以渗，取其经火化而利小便也。"

泥蛤蜊精

中国蛤蜊

Mactra chinensis

飞蛤蜊精

民间传说。有仙人李玄，化为乞儿，流落于登莱州府，常沿街乞讨，得钱沽酒，痛饮，卧睡于闹市。某日，复醉于市，有虫曰"葫芦蛾"，伏于其随身所带葫芦，偷食其"丹露"，遂有灵气。初秋渐寒，此虫逐渔火，坠入海，化为蛤蜊，日久成精。此精常化貌美妇人，诱船工入水。现原形，吞噬其人。入秋，常越出水，伏击猎物。煤油可破此怪。

中国蛤蜊

学名"中国马珂蛤"。属瓣鳃纲，蛤蜊科贝类。贝壳中等大，一般为三角形。壳较薄但坚韧，两壳相等。壳面黄褐色或褐色，光滑有光泽。常见于低潮线下沙中。《中国海洋药物辞典》载："壳：有清热化痰，软坚散结，制酸止痛之功效。主治痰多咳嗽，瘿瘤，胃及十二指肠溃疡，烫火伤，崩漏带下等症。肉：有滋阴补血，利水消肿之功效。主治贫血，慢性肝炎，水肿，小便不利等症。"

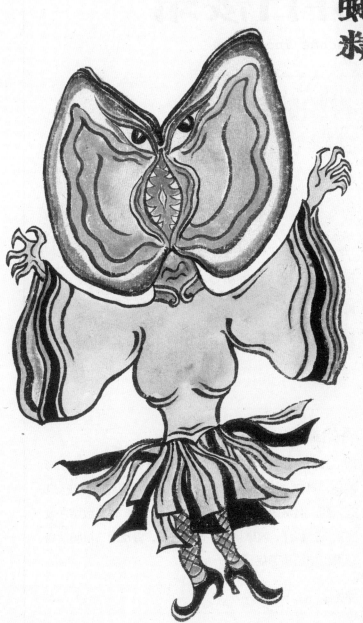

飛蛤蜊精

异白樱蛤

Macoma incongrua

香蛤蜊精

胶莱国有老叟性贪婪，常担瓜售于市，每有买瓜客，食瓜毕，老叟即收其瓜籽，晒干，炒食。一日集散，老叟渡海，见水浮一金，贪心顿起，入水捞取，金失其所在。老叟溺亡于水，心中贪气化为此物。日久成精。此精常夜间现，化为怪叟，寻其扁担，金锭。厉声呵斥，即失其所在。

香蛤蜊

即"异白樱蛤"。中国沿海泥沙底常见贝类。壳呈三角形，侧扁，具黑，浅绿色壳皮。《中国海洋药物辞典》载："贝壳入药。有滋阴清热，化痰止咳，制酸止痛，软坚散结之效。主治潮热盗汗，咳嗽痰多，胃酸过多，胃及十二指肠溃疡，颈淋巴结结核等症。"

香蛤蜊精

凸镜蛤
Dosinia gibba

布鸽头精

此怪为野鸽，误食月宫桂子所化，日久成怪。此怪所在雷部，被龙王列为行闪电之职。

布鸽头

学名"凸镜蛤"。贝壳略呈圆形，壳表蓝绿色或米白色，有细轮肋，栖于五十米以下深的沙质海底。

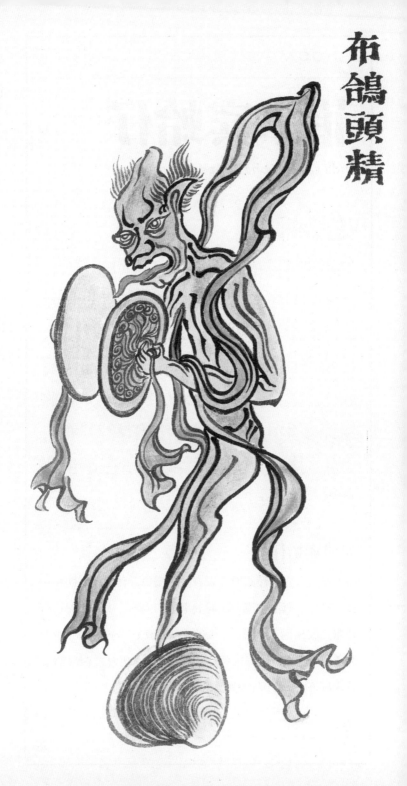

布鴝頭精

菲律宾蛤仔

Ruditapes philippinarum

花蛤蜊精

上古海上有五仙山，山名曰"岱舆、员峤、方壶、瀛洲、蓬莱"。后有龙伯之国民，钓驮山之神龟，致岱舆，员峤之山没入北极之渊。岛上仙民将仙山之图绘以蛤壳，以图救援，后此蛤壳多生山海纹。此蛤千年者为"蜃"，可生幻境，乃虚无缥缈之所在，出海者多受其蔽。

菲律宾蛤仔

即花蛤蜊。壳为椭圆形，壳表呈淡褐色，有细放射肋和轮脉。栖息于有淡水流入、波浪平静的内湾。中国沿海均有分布，胶州湾产量最大，城阳红岛海域产为上品。《中国海洋药物辞典》载："壳入药。有清热解毒之功效。主治臁疮，黄水疮等。"常年与啤酒共食易患"白虎风"。

花蛤蜊精

青蛤

Cyclina sinensis

青蛤精

宋乾道年间，即墨城有古墓，墓有墓道，周有石像生。常有乡民见有青羊出没，啃食青苗。寻之，则失其所在。乡民祈东岳庙，东岳大帝闻之，遣力士逐此怪。入东海得获，遂用铁锤猛击羊头，羊眼脱出，入海，化为此贝，日久成怪。此怪短小，为龙宫虾国之兵丁。

青蛤

又称圆蛤。属瓣鳃纲，帘蛤科。壳近圆形，壳顶突出，尖端向前弯。壳面淡黄色或棕红色，边缘呈紫色，后面为黑色。壳内面边缘具整齐小齿。栖息于潮间带泥砂质海底，产量较大。《中国海洋药物辞典》载："壳入药。有软坚散结，清热化痰之功效。主治症瘕，咳嗽气喘，胸肋满痛，咯血，崩漏带下等症。"

青蛤精

短文蛤
Meretrix petechialis

滑蛤蜊精

古时，东海有怪曰"风马"，昼伏夜出，能入水，后为勇士羿所擒。羿将其割舌去蹄，怪不能脱，其舌入海化为此怪。此怪能言善辩，善丹青，常化作士人出入人间。迂腐，穷酸，人多恶之。

滑蛤蜊

胶东地区为区别花蛤蜊，故名"滑蛤蜊"，学名为"短文蛤"。此蛤壳略呈三角形，腹缘圆形，两壳左右对称，厚而坚硬。壳表面鼓起且光滑，覆盖一层黄褐色或深褐色的壳皮，生长纹明显。中国近海沿岸均有分布，栖息于潮间带及潮下带砂质海底表层。《本草经疏》载："文蛤之咸，能消散上下结气，故主咳逆胸痹腰痛肋急也。恶疮蚀，五痔，鼠瘘，大孔出血，崩中漏下，皆血热为病，咸平入血除热，故主之也。更能止烦渴，化痰，利小便。"

介壳部　Shell Department

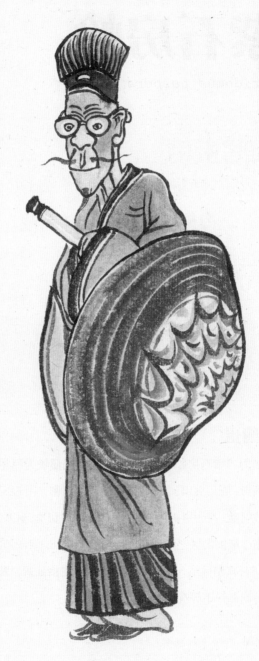

滑蛤蜊精

紫石房蛤

Saxidomus purpuratus

天鹅蛋精

上古东君豢养肥鹅曰"天鹅"。每三五之夜来人间湖滨游泳嬉戏。有凡鹅也混其中，日久，受胎，产卵。豢鹅之神厌之，将卵弃于海，成此怪。此怪叫声如鹅，常引冬猎人入迷魂溏而不得路。人甚厌之。

天鹅蛋

学名为"紫石房蛤"。为大型贝类，壳质极为厚重，壳呈卵圆形，壳顶突出，偏于前部，生长纹粗密，呈同心圆排列，无放射肋。壳面黑褐色或灰色。属冷水性贝类，耐寒性很强，分布于渤海地区之潮间带。蛤壳入药。《中国海洋药物辞典》载："有软坚散结，清热化痰之功效。主治症瘕，咳嗽，咯血，崩漏带下等症。"

天鵝蛋精

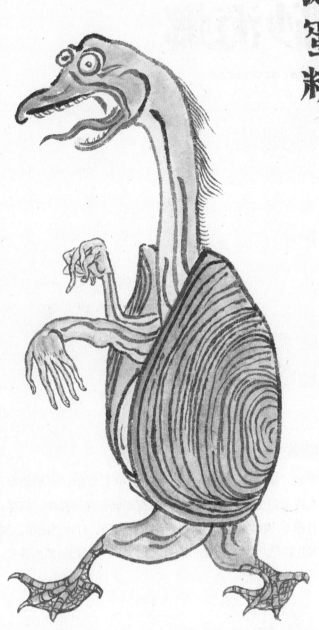

砂海螂

Mya arenaria

嗤蚬精

民间传说。东海之上有仙岛，仙岛有蓬莱之山，山有葫芦树，千秋一开花结果。有飞虫曰"洞鲋"，裹挟葫芦花入海，化此贝，日久成精。此精擅挖掘，常藏于深泥其间，见人来，则喷水射人影，人多患病。呼其名，而病愈。

嗤蚬

学名"砂海螂"。海螂科贝类。贝壳长卵形，壳质较厚。壳内面白色，肌痕明显。栖息在潮间带泥沙滩中，穴居。分布于中国之渤海、黄海。此物壳入药，有软坚散结、制酸止痛之功效。主治颈淋巴结核，胃及十二指肠溃疡等症。

蛼蜆精

牡蛎

Crassostrea gigas

海蛎子精

上古，共工氏触不周山，天地塌陷，有女娲氏炼五色石补天，有杂色石沾灵气而繁殖，成此物，日久成精。此精为龙宫守库。擅用阴火。多群聚于府库周围，外物莫不敢近。

海蛎子

即胶东地区称各类牡蛎属动物之统称。方言里一般称板栗为"栗子"，称"牡蛎"为"海蛎子（海栗子）"，称带皮的牡蛎为"皮栗子"。牡蛎壳厚，壳壁有鳞片状物环绕，壳内面为白色。中国沿海多有分布。壳肉均可入药。《汤液本草》载："牡蛎，入足少阴，咸为软坚之剂，以柴胡引之，故能去胁下之硬；以茶引之，能消结核；以大黄引之，能消股间肿；地黄为之使，能益精收涩，止小便，本肾经之药也。"

介壳部 Shell Department

海蛎子精

毛蚶

Anadara kagoshimensis

毛蛤蜊精

盘古老祖开天后，分身化物，有一团至阳之物，入海化为此物，日久成精。此精居于水府，时有出海，掀起骇浪惊涛。渔民多畏惧之。

毛蛤蜊

学名毛蚶。又称瓦楞子。瓣鳃纲，蚶科。壳质坚厚，长卵圆形。壳面白色，被有绒毛状的褐色壳皮，故名。生长纹在腹侧极为明显。栖息于稍有淡水注入的低潮线至浅海泥砂质海底。中国沿海，以河北、辽宁产量最多。此物壳，药材名曰"瓦楞子"，有和胃制酸，化痰，软坚，散瘀消积之效。肉有补血，温中，健胃之效。《本草纲目》载："咸走而软坚，故瓦楞子能消血块，散淤积。"

介壳部 Shell Department

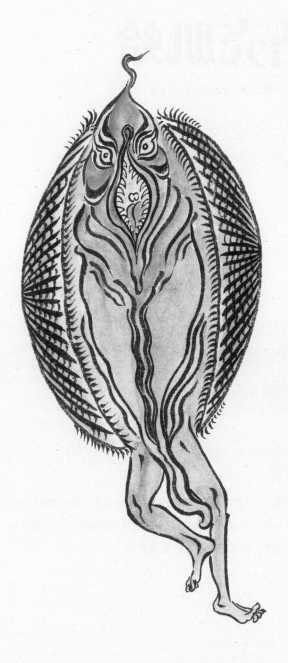

毛蛤蜊精

凸壳肌蛤

Arcuatula senhousia

海荞麦精

传胶东北海有仙岛，岛之民为仙人。仙人植五谷，其一为"金荞麦"，一季三熟。某年，有金风过岛，金荞麦随风入水，化为此物，日久为怪。此怪形小，多潜于船底、码头，探听人间消息隐私。民见此怪多以热油烹之，食之解忧。

海荞麦

又称"薄壳"，学名"凸壳肌蛤"。此贝壳较小，壳质薄脆，略呈三角形。被黄色或淡绿色壳皮，并具有不规则的褐色波状花纹。生长纹细密。生长速度快，产量大。

海荞麦精

短滨螺

Littorina brevicula

香波螺精

北海有"麻姑庙"，香火旺盛。庙祝常把供神用香头倾倒于滩涂，日久堆积。某年海涨，有神龙留涎其上，遂成此物。此怪短小，喜张牙舞爪，藏于室，使人头晕无力。捉而用开水烫，则解。

香波螺

学名为"短滨螺"。贝壳较小，球形，壳质结实。壳面生长纹细密，具有粗细距离不等的螺肋，肋间有数目不等的细肋纹。壳顶紫褐色，壳面黄绿色，杂有褐、白、黄色云状斑和斑点，壳的颜色有变化。中国各沿海均有分布。此螺性味咸，平，有平肝，明目之效。

香波螺精

古氏滩栖螺

Batillaria cumingi

海坞精

东海有神鸟，名曰"精卫"，衔砂石填海不止。鸟亡入海，体腐而喙独留，化为此物。日久成精。此精多见于滩，善结党，常附于船底，将船凿穿。用桐油可解。

古氏滩栖螺

胶东地区名目繁多，称"海坞""海蛆""碧清蛆"者，均为此物。贝壳呈尖塔形，壳坚硬但不厚，壳顶常缺损，螺层约十层。壳面呈灰黄色或棕褐色，具白色条纹或斑点。胶东居民闲来无事做零食，去其尾部，用嘴嘬食。

海塢精

扁玉螺

Neverita didyma

老娘肚脐精

始皇帝东巡，至琅琊，有星落其境，掘之，得玉石五枚。状如鸽，温润可爱。巡至天尽头，忽从袖中出，入海，而不可得，怅然有所失。五玉入海，其一则化为此物。此物日久成精，常化为老妇，引路人杀而食之。

扁玉螺

胶东地区多称为"老娘肚脐"。此螺贝壳坚厚，近扁圆形，螺层约六层。产于中国黄海、渤海。螺壳入药。《中国海洋药物辞典》载："有软坚散结，制酸止痛之功效。主治地方性甲状腺肿大，胃及十二指肠溃疡等症。"

老娘肚臍精

横山镰玉螺

Euspira yokoyamai

香螺精

始皇帝东巡，至琅琊，有星落其境，掘之，得玉石五枚。状如鸽，温润可爱。巡至天尽头，忽从袖中出，入海，而不可得，怅然有所失。五玉入海，其一则化为此物。传此怪凶戾，有宝器曰芭蕉扇，扇罢风致人病，有患者喝榆叶汤可解。

横山镰玉螺

胶东地区称为"香螺"，呈圆锥形，壳面黄褐色居多。分布于中国渤海、黄海、东海。螺壳入药。此物性味咸，平。具有清热解毒、软坚散结之效。

香螺精

微黄镰玉螺

Euspira gilva

灰波螺精

始皇帝东巡，至琅琊，有星落其境，掘之，得玉石五枚。状如鸽，温润可爱。巡至天尽头，忽从袖中出，入海，而不可得，怅然有所失。五玉入海，其一则化为此物。此怪力大，为水府殿前力士。持金瓜，常随龙宫洞族东巡。

微黄镰玉螺

胶东地区称为"灰波螺"壳面光滑无肋，生长纹细密呈黄褐色或灰黄色，螺旋部多呈青灰色，越向壳顶色越浓。适应性较强，通常在软泥质的海底生活，在沙及泥沙质的滩涂也有栖息，大都在潮间带的浅海海滩活动，在夏秋间产卵。肉食性。螺壳入药性味咸，平。具有清热解毒、软坚散结、制酸止痛之功效。

朝鲜花冠小月螺
Lunella coronata coreensis

鸡腚波螺精

天庭南天门有七十二金钉，金钉由鲁班爷所做。三千年一更换。旧钉送火精之炉炼之。一钉失落，入海，则化此物，日久成精。此精小巧，多为水府密探，窥阴之职。

鸡腚波螺

学名"朝鲜花冠小月螺"。此螺壳近球形，坚固，壳顶低。壳面密布由许多细颗粒串联而成的细螺肋。壳表深灰绿色或黄褐色。栖息在潮间带的岩石间。中国北方沿海均有分布。螺厣入药。《中国海洋药物辞典》载："有清湿热，解疮毒，止泻痢，降压之功效。主治脘腹痛疼，肠风痔疾，疥癣，头疮，小便淋漓涩痛，高血压等症。"

雞腚波螺精

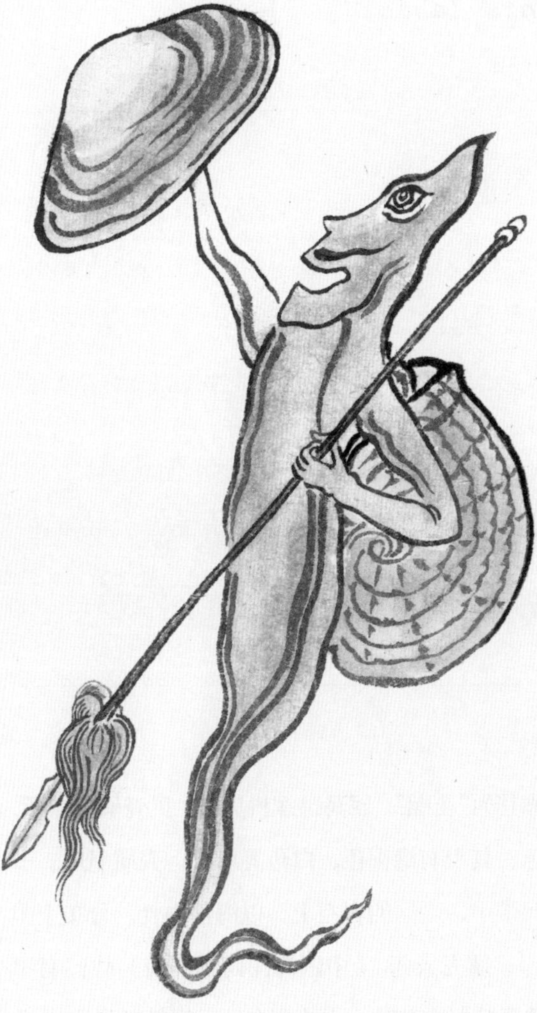

单齿螺

Monodonta labio

花螺精

此物传说为仙岛上之仙药"天黄"之花，被阳风吹入凡海所化，日久成此怪。此怪常化为老翁，徘徊于海边，拾取人间遗落之杂物。杂物日久，如被人以火焚，则在水下大哭。来日，则复拾如初。日复一日，不停歇。

单齿螺

胶东一带称其为"花螺"。属马蹄螺科贝类。贝壳呈陀螺形，壳面暗绿色，其上有绿褐色、白色等斑纹。壳质坚厚。多群栖于潮间带中、上区的岩石上。以海藻为食。分布于中国渤海沿岸。螺壳入药。《中国海洋药物辞典》载："有平肝潜阳，益肝补肾之功效。主治高血压，慢性肝炎等症。"

介壳部　Shell Department

花
螺
精

托氏蝐螺

Umbonium thomasi

老嫲嫲簪精

东海有仙姑者，活百岁，一日蜕凡骨，白日飞升。遗骨封塔，越百年后，塔有异光，白昼得见。有番僧自海上来，料塔有异宝，乃私自拆塔。塔开，有怪风来，番僧亡，民见仙姑骨如翠玉，遂封此塔。唯发髻随风入海，化为螺，日久成人形。此怪略成人形，多随风而出。入夜则常见，民多不怪之。

托氏蝐螺

胶东地区称为"老嫲嫲簪"。"簪"，在胶东方言为"发髻"之意，取其形命名。此螺壳质坚实稍厚，壳面光滑，螺层六级。生活在潮间带泥的海沙滩上，退潮后在沙滩上继续爬行，有时独行，有时聚集成群。为中国北部海岸常见滩栖螺类。此壳性味咸，平。具解毒，清热，安神之效。

介壳部 Shell Department

老嫲嫲簪精

锈凹螺

Chlorostoma rustica

偏鲜精

民间相传，在九州之外有浮岛，漂泊不定。岛有神庙，供上古之神，庙顶有金陀螺，日久成精，化为此物。此物传说成怪后守护浮岛。每有船只靠近，便随岛漂远。

锈凹螺

俗称"偏鲜"或"偏腔波螺"。 贝壳呈圆锥形，壳质坚厚。螺层六七层，壳表各层有显著斜行肋线。壳表面褐色，有铁锈斑纹，壳内面灰白色，具珍珠光泽。栖息于潮间带下区的礁石上或岩石间，以足附着生活，可短距离移动。中国北方沿海均有分布。贝壳入药。《中国海洋药物辞典》载："有平肝潜阳之功效，主治高血压，头晕，头痛，慢性肝炎等症。"

介壳部　Shell Department

偏鮮精

纵肋织纹螺

Nassarius variciferus

海瓜子精

北方冷水有罗刹国，国有三山岛，岛有丁香树，一紫色，一白色。紫色可主人生，淡然有香气。白色有异毒，服食可令人假死。花未开时，遇活水入海，化此贝。此怪多藏于沙底，时有登陆，趁夜间入村庄，窃取人间烟火之气以修炼。

海瓜子

学名"纵肋织纹螺"，属织纹螺科。贝壳小型，呈短尖锥形。圆锥形螺塔，螺层约九层。壳表平滑，有光泽，具有螺肋。中国沿海常见。栖息于潮间带及潮下带的泥沙质海底。腐食性。此物性味甘，凉。有止酸止痛之效。

海瓜子精

泰氏笋螺

Terebra taylori

锥螺精

民间相传，北海有天后行宫，宫后有竹林。竹一岁一结新笋。守竹林之神采新笋供天后，仪毕，将笋浮于水，将其乘风而去。笋覆水后，成此螺。日久成精。此怪肉食，常藏于山岛，化为妇，引路人野兽去，则被其生食。

锥螺

即"泰氏笋螺"。此螺贝壳细长，呈尖锥或竹笋状，壳面光滑或具纵横螺肋。螺旋部高而尖，螺层数目多，壳口小，内唇有褶襞。栖息于潮间带，掘穴挖洞，或藏身于岩石沙堆下。肉食，捕食海洋生物为生。此物壳入药。有清热解毒，平肝之效。主治痔疮结膜炎等症。

錐螺精

白带三角螺

Trigonostoma scalariformis

梯螺精

北方有大泽之野，产"野胡蒜"，有去腐生肌之效，人莫难寻。有鸮鸟者，居于海崖，识此物，伤则寻此药。人间常从鸮穴底捡拾此药。有随风入水者，化为贝，日久成精。此精善学人语，沿岸常有乡民被其诱入水者。以衣物扔之可解。

梯螺

学名"白带三角螺"，贝壳为螺塔阶梯状。壳表淡褐色，有强纵肋和细螺肋，体层中间有淡色横带。壳口有螺肋，轴唇有齿襞。栖息于沙质海底。肉性味咸，平。有滋阴清热，安神镇定之效。

介壳部 Shell Department

蝃螺精

疣荔枝螺

Thais clavigera

辣螺精

渤海之滨地底有洞府。府多有奇花异果，凡人不得而入。府厅有一树支撑洞府，名曰"金地仙"。花白色，果似胡桃。凡人服食，可解百忧。果熟，多随水入海，入海则化为此贝，日久成精。此精多正气。为水府外巡，罕有为世人所见。

疣荔枝螺

胶东地区俗称为"辣螺"。贝壳呈卵圆形，壳质紧厚，壳较小。螺层约六层，螺旋部低。生活在中、低潮区的岩石缝隙及石块下面，多时数十个或成百个集在一起，七月产卵，卵鞘附着在岩石上。以藤壶、双壳贝类为食。中国各沿海均产。肉可食用。螺壳入药，《中国药用海洋生物》载："性味咸，平。功能：软坚散结。"

介壳部 Shell Department

辣螺精

脉红螺

Rapana venosa

假波螺拳精

齐国景公时有三猛士，名曰：公孙接，田开疆，古冶子。晏婴以二仙桃设计杀之。三士死，英气不散，挟仙桃入东海，化为螺，日久成精。此怪勇猛，号"万人敌"。常随龙宫东征西讨，平定烟尘，为水府重臣。

脉红螺

胶东地区多称为"假波螺"。腹足纲，骨螺科。壳坚厚，略呈四方形。壳面黄褐色，布有棕色或紫棕色斑点。生活在泥沙质浅海底。此螺肉食，以贝类、死鱼为食。中国各沿海均产。螺壳，厣甲，肉皆入药。《本草求原》载："治心腹热痛。"

假波螺拳精

内饰乌秣螺

Ocenebra inornata

元宝螺精

天地初开，东海为山巅，有国名曰"相邦国"，国民善奇淫巧技。后一夜之间陷于海，国民皆化为水族。一族迁于海外，成螺形，为此物。秦时，乘舟来中土。见始皇帝，自称为"宛渠国"。后不复见。

元宝螺

学名为"内饰乌秣螺"。壳呈菱形。壳质地坚厚，螺旋部小，呈梯状生长。生活于潮间带低潮区。为中国黄海、渤海常见种。肉性味咸，寒。有清热，明目之效。

介壳部　Shell Department

元寶螺精

泥螺

Bullacta exarata

泥麻精

古莱国有"棉枣树"，霜降果落。大荒之年多救活人。秋有果熟，随风入水，而活，成泥螺，日久成精。善法术，多以祭祀之礼现庙宇道观。人多见之。

泥螺

胶东地区又称为"泥板"。属腹足纲，阿地螺科。壳卵圆形，薄而脆，白色，无螺层及脐。壳口大，壳面有细密的环纹和纵纹，被黄褐色壳皮。软体部不能完全缩入壳内。体色灰黄，稍透明。头盘大而肥厚，呈拖鞋状。中国各沿海滩涂均有分布。螺肉性味寒，咸。《中国海洋药物辞典》载："有补肝肾，益精髓，润肺，生津，明目之功效。主治肺结核，视物不清，咽喉肿痛，阴虚咳嗽等症。"

介壳部　Shell Department

泥麻精

日本管角贝

Siphonodentaum japonicum

象牙贝精

古时有龙伯之国，国有龙伯之民，以大象钓神鳌。象齿落，缩为贝类即此。后化为怪，不类人形。为龙宫三宝之一，人得之，可探水府。

日本管角贝

俗称象牙贝。属掘足纲，角贝科。壳细长，稍弯曲，形似象牙或牛角，故有象牙贝和角贝之称。古代曾被当作货币。大的贝壳可做烟嘴，或装饰品。分布于中国黄海、渤海。

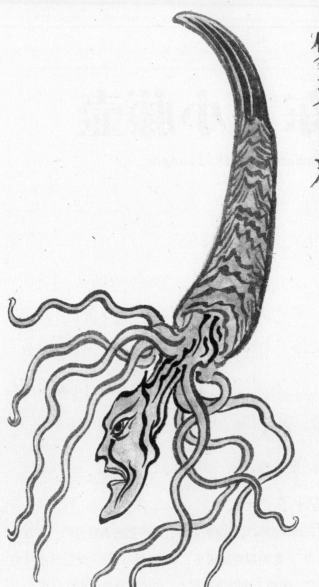

象牙貝精

东方小藤壶

Chthamalus challenger

马牙子精

胶东西北有大泽，泽出神马，日行千里，岁千年。每百年，食石钟乳换牙一次。旧牙入海，化为怪，当属此类。此怪多见于有礁石之流水。持镰刀而舞，六月常见。

马牙子

胶东地区沿海对藤壶的俗称，一般指较为常见的"东方小藤壶"。此物周壳圆锥形，壳表呈灰白色，受侵蚀则呈暗灰色，多栖于潮间带岩石上。中国北部沿海均有分布。

馬牙子精

鸭嘴海豆芽

Lingula anatina

海锨板精

禹治水时过家门而不入。其子大，乃寻其父，其父给豆芽一包，令其归家奉其母。其子颇怨，随走随抛撒豆芽。豆芽入水即化此物。及到家，发现豆芽皆化为金银钩，方知父已成仙，悔之晚矣。此物日久成精。多有才干，敕任水府洪州城主。

鸭嘴海豆芽

又称海锨板，属腕足动物门，无铰纲，舌形贝目的一属。壳为几丁磷灰质，两壳大小近等，轮廓舌形或长卵形。壳面平滑，或具同心纹。化石常见于寒武纪以来的海相地层，现生种至今仍未绝灭。分布于中国各沿海。此物性味温，咸，平，有清热解毒，镇定安神之效。

海鰍板精

西施舌

Coelomactra antiqata

西施舌精

春秋时，越王勾践借美女西施之力，使美人计灭吴国。大局既定，越王恐西施泄密，欲杀之。西施自断舌一节，吐与越王，以明其心。有重臣范蠡者携西施逃于琅琊。越王欲寻此二人，至海，不可得，遂弃断舌于海，乃退去。断舌入海化此贝，日久为精。此精怪狡狯，擅化为人形，入市井庭院拨弄是非，挑起口舌之祸。此物一出，必有口舌之祸至。乡民多忌之。

西施舌

属蛤蜊科贝类。贝壳二片，大形，质薄，略成三角形。贝壳表面平滑，具有黄褐色发亮的外皮，生长纹细密而显明。分布于中国沿岸。此贝味甘、咸，性凉。能滋阴生津，凉肝明目，清热息风。

西施舌精

白笠贝

Acmaea pallida

斗笠蛤精

淮南王刘安乘云雨过海，叹其美景，将自带斗笠扔入海，斗笠日久为怪。此怪多雨时出，喜用扫帚扫礁石。边扫边食其污物，不久又吐于海滩。渔民多厌烦之。

白笠贝

属腹足纲，以腹足吸附岩礁上，壳嵌于岩石窝槽。属草食性贝壳，以海藻为食。白天它依靠腹足紧附在礁岩上，夜间则四处寻找食物。此物早在寒武纪早期就已经出现，一直繁衍至今。中国沿海均有分布。此物性味咸，平。有去腐生肌之效。

斗笠蛤精

皱纹盘鲍

aliotis discus hannai

鲍鱼精

胶州有崔氏女，少时随异人学武术杂耍。经数年，又有番僧善幻术，崔氏女拜其为师，学成，番僧乃去。崔氏女流落江湖十数年，未逢敌手。后逢剑侠，授其导引吐纳之术。乃潜心修炼。乃过百年，不死。相貌越发古怪。忽一日，跃入海，化为怪。常为人间不平事抱不平。化市井之人隐之，以助人。

皱纹盘鲍

种属原始海洋贝类，单壳软体动物。由于其形状恰似人的耳朵，所以也叫它"海耳"。此物壳称为"石决明"，中国沿海均有不同种类分布。《中国药用海洋生物》载："壳:性味咸,平,肉:性味咸,温。壳，平肝，潜阳，息风，清热，明目，通淋。肉，调经，润燥，利肠。"《本草纲目》载："释名:九孔螺，壳名千里光。"

介壳部　Shell Department

鮑魚精

斑玉螺

Natica tigrina

斑玉螺精

胶东有李氏子，弃薯芋于海湾，为虾精得，吞噬，日久不化，结为丹。后吐于海，化为此螺。日久成精。性恶。尝在夜间化作小儿，诱人下水。分而食之。

斑玉螺

为玉螺科玉螺属的动物，贝壳近球形，生活环境为海水，栖息于潮间带下区的海滩上。螺旋部小，体螺层大而膨圆，灰白色，密布紫褐色斑点。分布于中国渤海、黄海、东海和南海潮间带至水深十米泥、泥沙海底常见。《中国药用海洋生物》载："此螺性味咸，平，微凉。有清热解毒，化痰软坚，散结消肿，治酸止痛之效。"《中国海洋药物辞典》载："主治淋巴结核，疮疡等症。"

介壳部 Shell Department

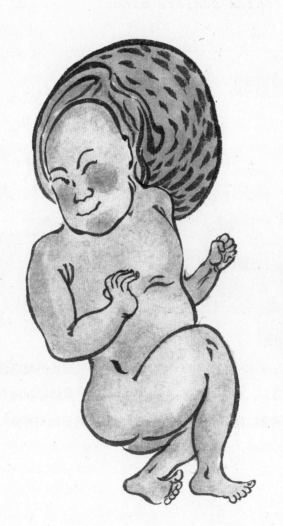

斑玉螺精

小梯螺
Epitonium scalare minor

梯螺精

有仙人黄初平者，游历渤海，见此有山产白水晶，遂在山中搭庐居，停数日，乘白鹤辞去。白水晶弃于海，并化为螺。世人罕有见之。此怪藏深水，上岸则瘫软如泥。

小梯螺

生活在深水的泥沙质底、潮间带。贝壳呈圆锥形或塔形，螺层膨圆。壳表具或强或弱的片状纵肋，呈阶梯状排列。贝壳通常白色，有的具褐色螺带。中国北方沿海均有分布。此物性味咸，寒，有散结软坚之效。

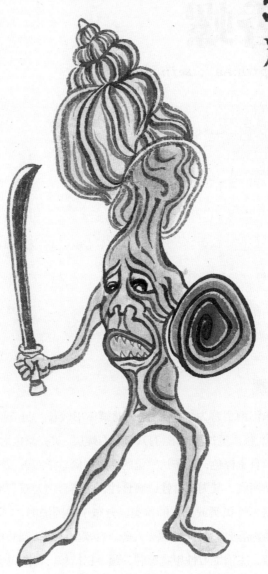

梯螺精

香螺

Neptunea cumingi

香波螺精

深海有老龙吐涎，曰龙涎香，世人罕有得到者。龙涎香冲上岸，为流沙所埋，越千年，为地气所侵，日久成精。化为香波螺精。此螺精眼有透视，可视地底三尺之物。

香螺

胶东沿海俗称为"香波螺"。此螺体形较长，贝壳圆胖而厚重，整体呈长双锥形，有八个左右螺层。贝壳颜色为肉色，表面有土棕色，绒布状感觉的壳皮，栖息于潮下带较深砂泥质海底，其为肉食性或腐食性，主要食物为双壳类，喜食底栖性贝类或死亡的鱼类。分布于中国渤海。《中国海洋药物辞典》载："此螺壳入药。有软坚散结，制酸止痛之功效。主治地方性甲状腺肿，颈淋巴结核，胃酸过多，胃及十二指肠溃疡等症。"

香波螺精

皮氏蛾螺

Buccinium perryi

黏螺精

芝罘有树，曾做始皇神弩。弩射鲛鱼，始皇喜，口封神树。树有蠓蛸得始皇帝口封，遂入水化为精怪。此怪好黎明来路前，吐黏液，使路湿滑。不遗余力也。

皮氏蛾螺

胶东地区俗称"黏螺"，腹足纲，蛾螺科。壳卵圆形，质薄而脆，壳表黄白色，外被一层黄褐色或黑褐色壳皮，其上具细密的茸毛。生活在浅海泥砂质海底。此螺性味咸，平。有软坚，化瘀之效。

紫贻贝

Mytilus galloprovincialis

海虹精

胶东西北有穴，有泉水出焉，偶有黑石随水流出。可浮于水。遇光，则硬如铁。有萨真人从此间过，敕令止。此间遂不复有黑石出焉。余石皆抛于海，化为贝，皆为此类。坊间有人云，黑石乃天地劫灭灰烬所化。得之可做点石成金之用。

紫贻贝

胶东沿海俗称其为"海虹"。贻贝壳呈楔形，前端尖细，后端宽广而圆。壳薄。壳顶近壳的最前端。两壳相等，左右对称，壳面紫黑色，具有光泽，生长纹细密而明显，自顶部起呈环形生长。栖息于海滨岩石上。中国渤海、黄海均有分布。《中国药用海洋生物》载："贻贝性味咸，温。功能：滋阴，补肝肾，益精血，调经。用途：用于眩晕，盗汗，高血压，阳痿，腰痛，吐血，崩漏，带下等症。"

海虹精

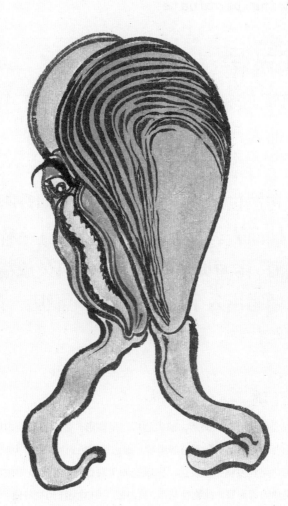

栉江珧

Atrina pectinate

江珧精

唐时，胶东有异人姓冯，有异象。工书。常为人代笔，得钱便豪赌，吃酒，不留一分银。逢赌即输，逢喝必醉。不以为然也。某日，突从烟囱随烟升腾，升仙而去。其屋顶瓦片纷纷随其飞升，入海，化为贝。即为此类。日久成精，此精常出入于码头，随人至酒店，口吐丝状物，吸取酒气。

栉江珧

属双壳贝，贝壳大而薄，前尖后广，呈楔形。表面具有放射肋，肋上有三角形略斜向后方的小棘。颜色淡褐色到黑褐色，幼时略透明。足丝发状，很发达。它以壳的尖端直立插入泥沙中生活，以足丝固着海底。此物性味平，温，咸。《中国海洋药物辞典》载："有清热解毒，息风镇痛之功效。主治湿疮，高血压头痛等症。"

江珧精

海湾扇贝

Argopecten irradians

海湾扇贝精

有仙人安期生，渡海寻仙岛。无舟，遂弃折扇于海湾。扇日久成精。善伏于海底袭击渔夫。后为渤海龙王所收。

海湾扇贝

属外来引进物种，属扇贝科、海湾扇贝属贝类。壳表多呈灰褐色或浅黄褐色，具深褐色或紫褐色云状花斑。原产于美国大西洋沿岸。

海灣扇貝精

中国不等蛤

Anomia chinensis

金蛤蜊精

传有胡人自西来，云渤海湾有宝气。需有"金木瓜"一枚。合阳鸡蛋清涂抹，投入水可得。胡人从莱阳得金木瓜，从黄城得阳鸡蛋，后从渤海湾得金铙一副。自云乘金铙可入水府金库。水府之将闻之，趁其不备将金铙打碎一只。弃入水。日久，金铙成精，化为胡人状，常拿宝珠忽照亮水。须臾即失其所在。

中国不等蛤

胶东地区称为"金蛤蜊"。贝壳圆形，扁平，壳质薄而透明。边缘易碎。左壳凸，右壳平。栖息于潮间带中下区。性味甘，平。有消食，解毒，消食，利肠之效。《食疗本草》载："主消痰，以生椒酱调和食之良。能消诸食，使人易饥。"

金蛤蜊精

大沽全海笋

Barnea davidi

海笋精

传南海有紫竹林。晋时有高僧法显求佛法，从南海归，求得紫竹鞭一条，欲培于北海。有笋芽从竹鞭蜕，落于海，日久成精。此精后窍可喷液状物，可蚀金石，人莫敢近。用木屑可破此法。

大沽全海笋

贝壳薄，两壳相等，前后端开口，白色，具淡褐色壳皮，壳面有肋、刺和生长纹。海笋种类较多，有的在泥沙滩上穴居，有的在木材中穿洞生活，对木质建筑有一定危害。也有的在岩石上凿洞生活。此物性味寒，凉。有健胃，清热解毒，软坚化瘀之效。

海笋精

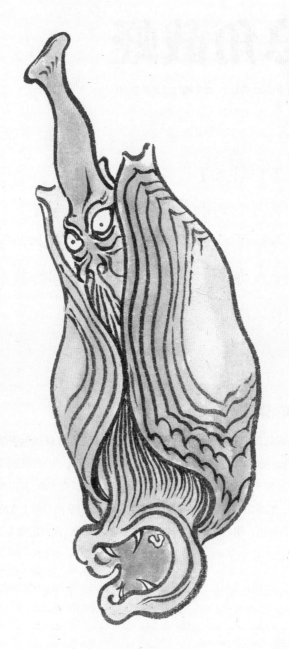

总角截蛏
Solecurtus divaricatus

双管蛏精

此怪为上古时造字之神仓颉遗留下一卷书简所化。此怪性迂腐，常化为学究样入人间，专与人杠。让其喝盐水可化其形。

总角截蛏

胶东称其为"双管蛏精"。贝壳中等大小，壳表具有黄色壳皮，壳皮极易脱落。外韧带明显，褐色，多呈三角形。生长纹细密明显。分布于中国黄海。《中国海洋药物辞典》载："壳入药；有消瘿、止带、通淋之功效。主治瘿气、痰饮、淋病、妇女赤白带下等症。肉：有清热、明目、止咳之功效。主治虚劳烦热，青盲内障等。"

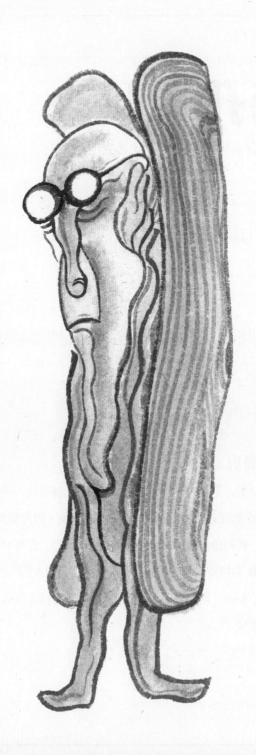

雙筲蟶精

栉孔扇贝

Chlamys farreri

栉孔扇贝精

海上有国名"聂耳之国"，国民擅行于水，活千岁，乃自沉于水，化为此怪，此怪善算，常为水府府库各项开支登记造册。

栉孔扇贝

扇贝属贝类。壳扇圆形，壳高略大于壳长，薄而轻。两壳大小几乎相等，右壳较平，左壳较凸。贝壳表面一般为紫褐色、淡褐色，黄褐色、红褐色、杏黄色、灰白色等。分布于中国北部沿海。《中国海洋药物辞典》载："栉孔扇贝肉入药(干贝)。有滋阴、补肾、调中之功效。主治久病体虚，肾虚腰痛，胃脘痛疼等症。"

櫛孔扇貝精

管角螺

Hemi fusus tuba

响螺精

传上古涿鹿之战，蚩尤败。其军之号角弃于黄海之滨，日久成此怪。此怪为水府中军号手，常随军中出行。司号之职。

管角螺

俗称响螺。属于中、大型贝类，体形较长，贝壳圆胖而厚重，螺层外貌为谷仓形，具有多个扁三角形的突起。贝壳颜色为肉色，表面有土棕色绒布状感觉的壳皮。栖息于潮下带较深泥砂质海底。《中国海洋药物辞典》载："厣入药。有燥湿，收敛、解毒之功效。主治白带，头疮，下肢溃疡，中耳炎等症。螺肉：有滋补强壮之功效。主治腰痛等症。"

砲螺精

江户布目蛤

Protothaca jedoensis

麻蛤蜊精

民间相传，老麻雀千年化为蛤，即为此物。日久为精。其怪腹内皆有"阳雀珠"一枚，凡人得之可避水，照明之用。

江户布目蛤

胶东等地俗称"麻蛤蜊""麻蚬子"。贝壳略呈卵圆形，壳坚厚。壳长略大于壳高，两壳大小相等。壳面灰褐色，常有褐色斑点或条纹。壳内面灰白色，边缘具有与放射肋相应的小齿。分布于中国辽宁、河北、山东沿岸。《中国海洋药物辞典》载："壳入药。有清热解毒之功效。主治臁疮、黄水疮等症。"

介壳部　Shell Department

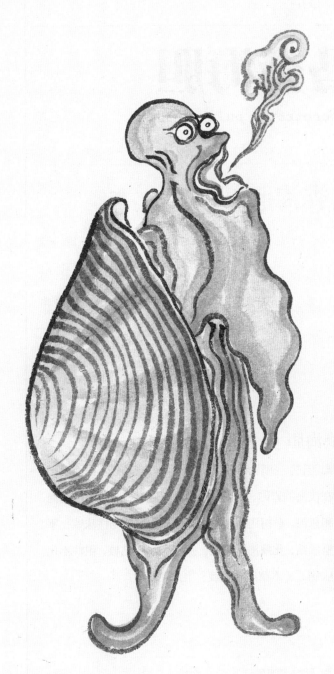

麻蛤蜊精

马粪海胆

Hemcentrotus pulcherrimus

马粪海胆精

有天马自天宫出，直渤海之滨，留马粪数枚。日久成精。为此怪。此怪凶顽，喜人间臭味。常聚于船后追逐排出污物。

马粪海胆

属球海胆科。壳坚固，半球形，反口面低，略隆起，口面平坦。生活在浅海的岩礁、砾石、砂石等海底。分布于中国渤海、黄海和东海。《中国药用海洋生物》载："此物性味咸，平。有软坚散结，化痰消肿之效。用于颈淋巴结核，积痰不化，胸肋胀痛。"《本草原始》载："治心疼。"

馬糞海胆精

莱氏拟乌贼

Sepioteuthis lessoniana

笔管精

传说姜尚封神后，将朱笔弃于东海。笔有得神气，日久成精。此精工于青词、文书。多为水府幕僚之职。

莱氏拟乌贼

胶东地区称为"笔管鱼"。莱氏拟乌贼是一种大型的枪乌贼，胴部圆锥形，胴长约为胴宽的三倍，眼大，畏光，栖息于深水。分布于中国福建南部广东沿海海域。《中国海洋药物辞典》载："此物有祛风除湿、清热解毒、活血化瘀、健骨强筋、滋补强壮之功效。主治风湿腰痛、疮疖、腰肌劳损、肌肉痉挛、小儿疳积、产后体虚等症。"

介壳部　Shell Department

筆管精

金乌贼

Sepia esculenta

墨鱼精

传文昌帝君于众仙君聚于海，欢饮达旦，帝君醉，弃书袋于海。内有笔墨文章。书袋日久成精，化为此物。此精多出于水府之外，善舞。常在月下舞，见人则失。

金乌贼

胶东地区俗称"墨鱼贼"或"墨鱼蛋子""墨鱼划拉子"。 墨鱼头部发达，有一对大眼，头顶是口腔，口的周围有八条腕和两条较长的触腕，在腕的前端各有四行吸盘，触腕上的吸盘更多。由于皮下有很多能伸缩的色素细胞，故身体颜色可以随时变化。体内墨囊发达，遇敌时即可放出墨汁逃走。生长在外海或海湾与外海的交界处，栖息于有隐蔽物和最少有二十米水深的环境。《中国药用海洋生物》载："药用部位：内壳，药用名：'海螵蛸''乌贼骨'。"《本草纲目》载："乌贼骨，厥阴血分药也，其味咸而走血也，故血枯，血瘕，经闭，崩带，下痢，疳积，厥阴本病也；寒热疟疾，聋，瘿，少腹痛，阴痛，厥阴经病也；目翳，流泪，厥阴窍病也；厥阴属肝，肝主血，故诸血病皆治也。"

墨魚精

双喙耳乌贼

Sepiola birostrata

墨鱼豆精

宋时，有大灾，民不聊生，灾年前一年，胶东有种豆者，其豆皆生人面，五官俱全，表情不一，有欢乐，有嗔怒，有悲伤，不一而足。乡民认为不祥，投于水。皆化为小乌贼，乃去。此物日久成精。多浮于水，有船来，则飞起水面，啄食人面。渔民多投以石灰以驱之。

双喙耳乌贼

胶东地区称之为"墨鱼豆"。此物胴部圆袋形，体表具很多色素点斑，其中有一些较大。肉鳍较大，略近圆形，位于胴部两侧中部，状如"两耳"，长度约为胴长的三分之二。无柄腕，长度略有差异。栖息于海底，常潜伏沙中，也能凭借漏斗的射流作用游行于水中。中国黄海、渤海、东海和南海均产。《中国海洋药物辞典》载："祛风除湿，清热解毒，活血化瘀，健骨强筋，滋补强壮之功效。主治风湿腰痛，疮疖，腰肌劳损，肌肉痉挛，小儿疳积，产后体虚等症。"

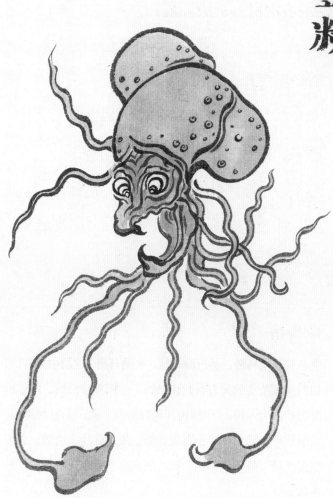

墨魚豆精

长异枪乌贼

Heterololigo bleekeri

笔管鱼精

古有三晋国，铸币形似裤衩。国亡，遗民携钱逃亡于胶东，窖藏于土。随水脉入海，化怪为乌贼。此怪胸无点墨，却喜新学。喜大谈西学东渐之风。

笔管鱼

学名长异枪乌贼。头近圆球状，两侧有眼，顶端中央有口，口的周围及头的前方有腕和触腕。中国福建沿海、广东沿海均产。肉入药。《中国海洋药物辞典》载："有祛风除湿，清热解毒，活血化瘀健胃强盘筋，滋补强壮之功效。主治风湿腰痛，疮疖，腰肌劳损，肌肉痉挛，小儿疳积，产后体虚等症。"

筆管魚精

长腿蛸

Octopus minor

马蛸精

上古，西北有华胥之国，民间谓之仙境，国民不胜其扰，遂迁于海上。日久，成此怪。此怪腿多且长，多有计谋，为水府智囊。

马蛸

学名"长腿蛸"。胶东地区别名为长爪章。底栖生活，在海底爬行或在底层划行，也能凭借漏斗喷水的反作用短暂游于水层中。中国辽宁到广东沿海均有分布。长腿蛸性味甘，咸，寒。《中国海洋药物辞典》载："有补气养血，通经下乳之功效。主治产后乳汁不足，久病体虚等症。"

馬蛸精

短腿蛸

Octopus fangsiao

坐蛸精

华胥之国北有民，擅做器。随华胥国民潜入海，化此怪。此怪善做器，为水府匠。

坐蛸

学名"短腿蛸"。胶东地区又称"望潮"，底栖生活，在海底爬行或在底层划行，也能凭借漏斗喷水的反作用短暂游行于水层中。中国各沿海均产。《中国药用海洋生物》载："性味：甘，咸，寒。功能：有养血益气，收敛，生肌。用途：用于催乳滋补，痈疽等。"《本草纲目》载："甘，咸，寒，无毒。养血益气。"

坐蛸精

叁

鱗甲部

Scale Armor Department

扁头哈那鲨
Notorynchus cepedianus

七腮鲨精

传说为扁头七腮鲨食深海龙涎所化，
头部腮有七裂，常从河口乘海潮而来。
多为夜间出没，潮退则随潮水而去。
喜食赶海之人，见者多厄。

扁头七腮鲨

官名"扁头哈那鲨"，胶东地区又称为"哈拿""七腮鲨""扁头"，长约三米，体重可达500多斤。分布于中国黄海、东海。每年春夏两季出现于山东石岛外海。《中国药用海洋生物》载："哈那鲨脂肪油，翅，胎，肝均可入药。性味：甘，温。功能：鱼肝补气。胎：养血调经。油：防腐解毒。用途：多用于小儿腹泻，烧伤，烫伤，止痛，痛经，夜盲等症。"

七鰓鯊精

皱唇鲨

Triakis scyllium

九道箍精

民间传说为九道箍鲨修炼千年所化，九道箍鲨相传为龙宫听差，专司文案书写。鲜有上陆者。

九道箍鲨

学名"皱唇鲨"，胶东一带又称"九道鲨""九道箍""九道金"。此鱼常见，形体小，体延长，前部较为粗大，后部细小，头部扁、宽。身体灰褐带紫色，具暗褐色条纹十余条。此鱼产于渤海、黄海和东海，南海少见。为近海温性小鲨鱼。可食用，但肉质不佳，有观赏价值。《中国药用动物志》载："其药理作用同'扁头哈那鲨'。 翅，胎，肝均可入药。性味：甘，温。功能：鱼肝补气。胎：养血调经。油：防腐解毒。用途：多用于小儿腹泻，烧伤，烫伤，止痛，痛经，夜盲症等症。"

九道筮捆精

白斑星鲨

Mustelus manazo

星鲨精

相传为食海底龙火得化怪形，其怪耐热，耐寒，为龙宫武库守卫之一。常擅离职守浮出水面，为渔民所见。多同渔民交换生活物品，其怪常见。

星鲨

官名呼为"白斑星鲨"，体侧有不规则白点以此得名，民间还有称之为"沙皮""白点鲨""花点母"者。此鲨形体不大。体细而延长，头扁平，尾细长。体长可达一米。此鱼产于渤海、黄海、东海和南海。此鱼为中小型鲨鱼。可供食用。此鱼药理作用同"扁头哈那鲨"。翅，胎，肝均可入药。性味：甘，温。功能：鱼肝补气。胎：养血调经。油：防腐解毒。用途：多用于小儿腹泻，烧伤，烫伤，止痛，痛经，夜盲等症。《中国有毒鱼类》载："此鱼第二背鳍棘有毒，被刺伤后剧痛达数小时之久，创口附近红肿，数天后始恢复。"

鳞甲部　Scale Armor Department

星沙魚精

路氏双髻鲨

Sphyrna lewini

相公帽精

相传为相公鲨食圣人衣冠所幻化成精，常于沿海附近各州县化为道貌岸然之相诱人交谈，诡辩，待人语塞时现出原形吞噬。极其凶残。致使古代渔民极其厌恶"相公衣冠"加身之人。

相公帽鲨

今呼为"路氏双髻鲨"，俗名又叫"官鲨""相公"。因其头部像极官帽形状得名。古时胶东地区捕获大型双髻鲨，往往将其头部剥皮植草，置于龙王庙进门影壁上，以警其形，以镇其恶。此鱼体延长，头扁平，前端向两侧延伸，如同双髻状。吻宽而扁，眼大。尾鳍肥大，背部呈灰白色。腹部颜色稍淡。中国多产于渤海、东海、黄海和南海。属近海温暖性中上层鲨鱼类，具有攻击性，危险。目前为国家二级保护野生动物，已禁止捕捞《中国药用动物志》载："药理作用同'扁头哈那鲨'。翅，胎，肝均可入药。性味：甘，温。功能：鱼肝补气。胎：养血调经。油：防腐解毒。用途：多用于小儿腹泻，烧伤，烫伤，止痛，痛经，夜盲等症。"

鳞甲部　Scale Armor Department

相公帽精

短吻角鲨
Squalus brevirostris

锉鱼精

此精多出没于海流附近，推波助澜，有衣冠者，多化为武士装束，巡视近海。常蛰伏于马尾藻群中休息，窥视。渔民习以为常，见者不怪。

短吻角鲨

学名"短吻角鲨"，因身上多"盾鳞"，像锉刀，故俗名曰"锉鱼"。胶东沿海捕获后多晒干，待冬天封海，用其做猫冬之辅食。多用其炖萝卜熬冻之用。此鱼体长形，头宽扁，吻稍短。前端窄而圆，眼侧位。体侧淡灰色，腹部白色。产于黄海、渤海、东海和台湾海域。体长约一米。《中国药用动物志》载："此鱼翅，胎，肝均可入药。性味：甘，温。功能：鱼肝补气。胎：养血调经。油：防腐解毒。用途：多用于小儿腹泻，烧伤，烫伤，止痛，痛经，夜盲等症。肝可提炼鱼肝油。"

许氏犁头鲼

Rhinobatos schlegeli

犁头鱼精

此精相传盖上古时期神农氏教化先民后所弃农具所化，神农氏升仙而去，弃犁入海，化生此鱼，采灵成精。此精怪极富智慧，乃龙宫水府之"先生"，多潜伏于深水。多不得见。见者多吉。

犁头鱼

学名"许氏犁头鲼"，俗名又有称为"犁头""琵琶鱼"者。体扁平，胸鳍与头连成体盘。前端尖，后端宽。状如犁头。体背面棕色或褐色。无斑纹。腹部色淡。此鱼在中国产于渤海、东海、黄海和南海。为近海暖温性底层鱼类。为南海和东海次要经济鱼类。南海产量大，肉质佳，鳍可制鱼翅。

鳞甲部　Scale Armor Department

犁頭魚精

中国团扇鳐

Platyrhina sinensis

团扇鱼精

相传为汉代大将军钟离权云游访道时，经崂山，受仙人点化，弃团扇于海上所化精怪，传说此怪有上古遗风。龙宫委任其指挥水族，多出入水府宫门之外。

团扇鱼

学名为"中国团扇鳐"，因外形像胶东地区夏天扇风用的"蒲扇"，所以土名"团扇鱼"。此鱼体扁平，圆盘形。头甚长，眼稍小。尾扁粗而长。尾鳍侧扁。体背呈深棕色。腹部白色。此鱼中国沿海均有分布。喜栖息于泥砂质海域。活动能力差。为沿海常见海产鱼类之一，肉可食用。亦有饲养于水族馆做观赏。

團扇魚精

斑鰩

Okamjei kenojei

老板鱼精

此精不知从何而来，常幻化为大老板，衣冠时髦，穿欧罗巴传来时装，抽洋烟，喝洋酒，勾引渔行码头贪心之"经济"，"买办"以巨利许之，诱其下水，溺毙，供其徒子鱼孙慢慢食用。此怪出没于大商埠码头。萧条之处罕有其踪迹。

老板鱼

现在名曰"斑鰩"，胶东地区又有称为"老子鱼"者，青岛黄岛称之为"水叉鱼"，黄岛胶南又称之为"水光光"，称呼颇为有趣。此鱼近几年因称为"老板鱼"，多上"大席"。

此鱼形体扁平，头与吻不很长。眼睛较小。喷水口紧靠眼后。尾扁，稍粗。尾鳍很小。

此鱼产量大，有经济价值。除供鲜食外，多制为咸鱼干。

在中国分布于渤海、黄海、东海和台湾海域。

赤魟

Dasyatis akajei

黄盆鱼精

崂山地区传说，为唐代杨太真渡东瀛所弃浴盆所化。此怪游离于水府，闲云野鹤。行踪不定。

黄盆鱼

学名"赤魟"。盖胶东地区多以形色命名，故俗称"黄盆鱼"，又名为"土鱼"。此鱼尾刺剧毒，一旦被刺中，重者可致人死。渔民捕获一般先断其尾，以免受其伤害。相传早年间，崂山道士习武任侠，其发簪为渔民捕获巨型黄盆鱼尾刺所制，寻常时做绾发之用，不备之时可做防身御侮之器。此鱼多食易诱发陈年旧疾。有复发性强，或陈年旧疾者慎食。赤魟体扁平，圆盘状，吻短而稍凸出。体赤褐色。尾细长，有尾棘一个。此鱼在中国分布于渤海、黄海、东海和南海、珠江水系及广西左江。《本草纲目拾遗》载："鱼肉甘、咸，平，无毒。主治男子白浊淋，玉茎涩痛。齿：无毒，主治瘴疟，烧黑研末，酒服二钱匕。尾，有毒，主治齿痛。"《中国有毒鱼类》载："被赤魟尾刺蜇伤后有剧痛或撕裂伤，全身阵痛，红肿发烧畏寒，数日后仍可出现，如伤指，则强直，愈后有后遗症。重者可致死。解救法可将尾刺焙干，研末涂患处，或河豚鲜血涂患处，或绿豆捣碎冲服，或绿豆、野蒜捣烂，水冲服，或将鲜鸭血或鲜羊血趁热内服，或蜀葵花或梗煎热内服，或用明矾洗患处。"据渔民反映，用该鱼的肝脏涂擦伤口，解毒效果甚好。

黑线银鲛

Chimaera phantasma

海兔子精

在胶东地区传说中，此精为秦始皇用"赶山鞭"赶山入海时，将石洞中修行的千年蜕耳老兔，带入海中所化。多年修行的老兔，胶东人称为"叫示"，故此精怪，常化为学究状，爱说教，好为人师，以耽误渔民生产，见此物多阴雨。不利生产。

海兔子

即"黑线银鲛"。因其拖着的一条长尾巴像带鱼的尾巴，因此在胶东地区又被称为"带鱼鲨"。此鱼相对少见，鲜有人食用。老渔民云，此鱼食之多梦。银鲛体长形，侧扁，头肥胖，雄鱼背有抱接器。吻钝。眼长形，侧位高。尾很长，尾鳍细长，向后逐渐变为鞭状。身体呈褐色，腹面呈银白色。银鲛分布于中国沿海，卵生，肉可供食用。鳍可做鱼翅，经济价值不大。《中国有毒鱼类》载："银鲛背鳍棘刺有毒，被刺中有剧痛感。但银鲛生活于较深水域，游泳力弱，故被其刺伤机会较少。"

海兔子精

斑鰶

Konosirus punctatus

斑鰶鱼精

此精性情孤僻，属无根之妖物。未脱离鱼形。常成群结党，聚众入河口上岸作怪，唯不喜鸡鸣之声。沿海渔民见之多学鸡鸣之声，此怪闻声即失其所在。

斑鰶鱼

崂山一带"鰶"的俗称。鱼体呈梭形，口小。此鱼胶东地区又称"泡鱼"，因为其刺多且细密，又称之为"刺儿鱼"。此鱼香鲜，肉细味美，含脂肪较多，为大众所喜食。多食易被其刺卡喉。服用鸭涎可解。此鱼多产于中国渤海、黄海和东海。为近海常见鱼类。喜群居，以浮游生物为食。

斑鱗魚精

青鳞小沙丁鱼

Sardinella zunasi

箍眼匠精

多出沿海春水，相传樵夫王质遇仙点化，将手里腐烂的柯柄投入海中，遂化为此怪。此怪为龙宫沿海巡检，然，性善胆小。遇人则遁。

箍眼匠

为胶东地区"青鳞小沙丁鱼"之俗称。此鱼肉质鲜美，多刺。青岛胶南一带称之为"赤眼鱼"，鱼体近长方形，而侧扁。头中等大而偏侧，腮盖后上角有一黑斑。体上部灰黑，下部银白。此鱼性味甘，淡，温。 可解海蛇毒。《中国有毒鱼类和药用鱼类》载："广东沿海渔民被海蛇咬伤，将鲜鱼洗净捣烂，敷于伤口，并将鲜鱼肉浸醋生吃，可暂时止海蛇毒扩散。广东沿海普遍用此方。胶东民间有偏方云此鱼又能治缠腰火丹等恶疾。"

鳞甲部　Scale Armor Department

箆眼匠精

鰳

Ilisha elongata

白鳞鱼精

胶东地区称之为"白鳞鬼儿"，性狡狯，胆小，披鱼皮，持利斧，面目可憎。农历四月份常出没于波浪中。喜暗中砍船之龙骨，破坏船只。用粗盐粒可驱赶。

白鳞鱼

学名为"鰳"，此鱼身体被薄圆鳞，鳞片白色，体无侧线。肉细，可鲜食也可腌食，旧时多做祭祀之鱼。《黄渤海鱼类图谱》载："山东东南沿海鱼汛较早，但不产卵，五月后鱼群入渤海，在小清河口，套儿河口，黄河口及辽东湾等处产卵。小满夏至后鱼汛。"《本草纲目》载："肉：甘，平，无毒。主治开胃暖中。做鲞尤良。鱼鳃：主治疟疾，以一寸入七宝饮，酒水各半煎，露一夜服。"《随息居饮食谱》载："补虚。多食发风，醉者更甚。"

白鱗魚精

鳀

Engraulis japonicus

鳀鱼精

此怪大力，守水晶宫南宫门，曾趁圣人困顿时，不自量挑战孔圣人门徒子路，被子路击败而遭分食。因遭圣人口封贬黜，此后子孙皆身形多短小。

鳀鱼

胶东地区多称为"离水烂"，因捕捞后易损，故名，因身形短小又称"抽条子鱼"。此鱼体细长而稍侧扁，躯干近似圆筒状。眼大。体背黑蓝色，两侧腹面银白。北起辽宁，南至台湾东港均产。为近海广温性中上层洄游鱼类。有集群性和趋光性。多捕捞制鱼干。也是其他经济鱼类饵料生物。

鰻魚精

黄鲫

Setipinna tenuifilis

黄鲫精

传说黄石公渡东海撒纸为路引，黄石公升仙后，由黄纸所化。此怪为龙宫金瓜武士，偶有成群浮出水面巡视。渔民多从"蜃市"倒影窥其相貌。

黄鲫

胶东地区统称为"毛口鱼"或"麻口鱼"，因其嘴密布细牙得名。为中国近海常见小型食用鱼类。产量大。除鲜食或盐干外，可做鱼饵。此干鱼多食易渴。

刀鲚

Coilia nasus

刀鲚鱼精

宋时与金于胶东半岛海域海战时，宋军数败，缺食物，此怪现身，供鱼数万担与宋军，绑鱼于木柄之上。此时严寒，鱼冻，形似长矛。金军怯，宋军士气大振，一举击溃金军。获口封为"凤尾""刀鲚"。

凤尾鱼

学名刀鲚。石岛等地称其为"河刀鱼"，因其春末夏初产卵从海里上溯至河流，故名。此鱼体银白色，背侧颜色呈青色，金黄色，或青黄色。此鱼古称"鮆"，性味甘，平。功能：补气，活血。泻火解毒。用于慢性胃肠功能紊乱，消化不良及疮疖痈疽等。《本草纲目》载："鮆，贴痔瘘。发疥不可多食。"《本草求原》载："贴敷疽痔漏。"《随息居饮食谱》载："补气。"

刀鱭魚精

大银鱼

Protosalanx hyalocranius

银鱼怪

此鱼相传为织女编织天河所用银针从天坠海所化。此怪小巧，上半为鱼，下身人形。常夜间出没沙滩上。远看则有，近视，则失其所在。

银鱼

学名"大银鱼"。体细长呈圆筒形。体白色稍透明。胶东地区又称其为"面条鱼"。此鱼一般春季鱼汛，老渔民都称其为"鲅鱼食"，称此鱼每年春季到胶东地区产卵，鲅鱼为捕食它尾随其后。此鱼性味甘，平，无毒。功能：宽中健胃。用于营养不良，消化不良，小儿疳积等。《本草纲目》载："甘，平，无毒。做羹食，宽中健胃。"

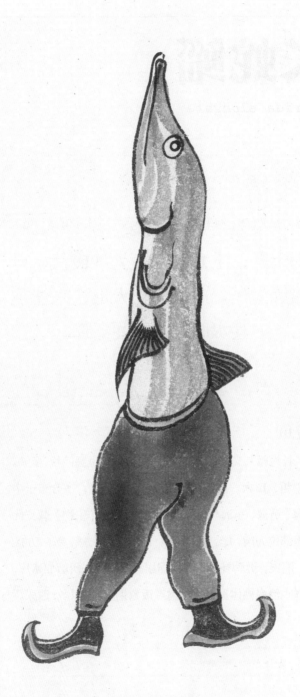

銀魚怪

长蛇鲻

Saurida elongata

沙梭精

相传为陆地织机之木梭，沾染人血，化为土龙，土龙入海变为沙梭鱼，日久修炼为怪。此怪常化人形，来往于闹市，为其水府供给人间器物。

沙梭鱼

学名"长蛇鲻"，又名"神仙梭"。此鱼体长呈圆筒状，多鳞。中部稍粗，口大。两颌具多排细齿。性凶猛。多分布于中国渤海、黄海、东海与南海。《中国药用海洋生物》载："此鱼药用部位为肉，尾。性味，肉：甘，平。尾：咸，寒。功能：清热，消炎，健脾补肾，固脬缩尿。尾鳍煅灰研磨加冰片，吹入喉咙治扁桃体炎。用鱼肉煮饭煮粥，治夜尿多，遗尿。"

沙梭精

日本鳗鲡

Anguilla japonica

白鳝鱼怪

此怪多从远洋漂过，出水者甚少。有头颅数个。相传上古"孤竹国君"之巨尸漂洋过海，被其钻透躯壳，占用其身而化为怪。见此怪，天多有阴雨。

白鳝鱼

胶东地区称"日本鳗鲡"之俗名。原产于海水中，溯河到淡水内生活，成熟后又回海水中繁殖产卵。中国产于渤海、黄海、东海和台湾海域。此鱼性味甘，平。功能，杀虫。用途：痔疮，恶疮，白癜风等。《日华诸子本草》载："肉治主五痔疮瘘，杀诸虫。治恶疮，女人阴疮虫痒。"《本草纲目》载："肉治小儿疳劳及虫心痛……骨及头炙研入药，治疳痢肠风崩带。烧灰敷恶疮，烧熏痔瘘，杀诸虫……血主疮疹入眼生翳，以少许点之。"

白鱔魚怪

海鳗

Muraenesox cinereus

济沟鱼精

此怪指挥小水族，见于东海滩门。此怪大者数丈，藏身于渤海巨礁之下。专司受贬斥之水族刑徒之职。巨鱼搁浅前，此怪常现身，以警示渔船，诫勉水族。

济沟鱼

胶东地区称"海鳗"，因其性凶猛，也有称其为"狼牙鳝"者。此鱼两颌牙强大，每侧牙均为三行，体无鳞，呈青色，无胸鳍。中国渤海、黄海、东海及南海均有分布。《中国药用鱼类》载："此鱼血、肉：甘，温。膘：甘，咸，平。胆：苦，寒。功能：补虚损，祛风明目，活血通络，解毒消炎。用途：用于面部神经麻痹，疖肿，胃痛，气管炎，遗精，产后风，急性结合膜炎，关节肿痛，肝硬化，神经衰弱，及贫血。"《日华诸子本草》载："治皮肤恶疮，结痂痔瘘。"

済沟魚精

尖嘴柱颌针鱼

Strongylura anastomella

双针鱼精

此精着绿袍，乌纱帽。善钻营。常混迹于官府。善投机取巧，溜须拍马。长长尖嘴，无孔不入。攫取膏脂，轻巧灵动。见之多得薄利而丢大体。

双针鱼

现学名"尖嘴柱颌针鱼"。此鱼通体青绿，又名"青条"。嘴巴像仙鹤，又名"鹤嘴鱼"。此鱼为表层肉食性凶猛鱼类，以小虾及幼鱼为食。生活于近海或河口。肉稍带酸味，食用价值较低。骨绿。多食内热。

雙針魚精

简氏下鱵鱼

Hyporhamphus gernaerti

针亮子鱼精

此怪个小，相传是其夜间出没，食月光之精华成怪。此怪个小，持长马叉，夜间游走。见人来则避。此怪喜食"疫汤"，故疫鬼见此怪多避之。

简氏下鱵鱼

胶东方言称为"针亮子""簇针子""单针鱼"，此鱼个头小，体细长，略呈圆柱形。喜成群结队游动。此鱼分布于中国渤海、黄海、东海及台湾海域。栖息于近海或河口，有时进入淡水。肉食性，以小鱼、小虾为食。此鱼性味：甘，平。功能：滋阴补气，解毒。用途：用于盗汗，烦热和疮疖、溃疡等。《本草纲目》载："食之无疫。"《医林纂要》载："滋阴，能溃痛毒，做汤服之。"

針亮子魚精

蓝鳍燕鳐

Cheilopogon cyanopterus

燕子鱼怪

此怪有法宝名曰："分水鞭"，为祖龙始皇帝所遗。凡人机缘得之，可鞭开水路，直达海底。传说此鱼怪为飞燕食天蝗后，饮汤谷之水所化。半鱼半鸟，能潜能翔。总督水府驿路。

燕子鱼

即"蓝鳍燕鳐鱼"，或名"飞鱼"。一种杂鱼类。此鱼胸鳍特别长大，可达臀鳍末端。常成群游动。接近水面，遇敌害即滑翔出水面，故名飞鱼。此鱼分布于中国渤海、黄海和东海北部。此鱼性味：甘，微酸，温，无毒，多用于难产，胃痛。《本草纲目》载："肉，甘酸无毒，主治妇人难产，烧黑，研末，酒服一钱，临月带之，令人易产，已狂己痔。"

燕
子
魚
怪

太平洋鳕

Gadus microcephalus

大头鱼怪

此怪色黑暗，常居于深海。头大如山。常吐冰山压沉滥捕无度之渔船。贪心之人常见此怪。

大头鱼

学名为"太平洋鳕"，有的地方叫"大头星"。是一种群栖性底层鱼。鱼体长形，微侧扁，尾部渐细，头部长大，口大。肉白，味美。中国分布于黄海、渤海及东海北部。为黄海北部主要经济鱼类。《中国有毒药用鱼类》载："鳕鱼肉，骨，鳔，肝皆入药。鱼肉主治跌打，硬伤，瘀伤。鱼骨焙粉可治脚气。鱼鳔胶，内服可治咯血。鳕鱼肝油，可用于加速褥疮，火伤，外伤的创面，溃疡及阴道口，子宫颈炎症等的上皮形成，局部涂敷有疗效，可减轻患者痛苦，愈后无伤痕。鳕鱼煮食可治便秘。"

鳞甲部　Scale Armor Department

大頭魚怪

冠海马

Hippocampus corontus

海马精

传禹王治水所乘之神马，能避水，日游千里。曾随禹王开巫峡，擒水精无支祁。禹王成仙弃之而去。神马独留水府，为水府龙族所用。

冠海马

俗名又称"水马"，属海龙科。形似马头，蛇尾，瓦楞身。海马性味：甘，咸，温。功能：补肾壮阳，镇静安神，散结消肿，舒筋活络，止咳平喘。用途：用于阳痿，不育，虚烦不眠，哮喘，腰腿痛，跌打损伤，外伤出血，乳腺癌，腹痛，痞块，难产等。《本草拾遗》载："主妇人难产。"《本草纲目》载："暖水藏，壮阳道，消瘕块，治疗疮肿毒。"《海南解语》载："主夜精。"《品汇精要》载："调气和血。"

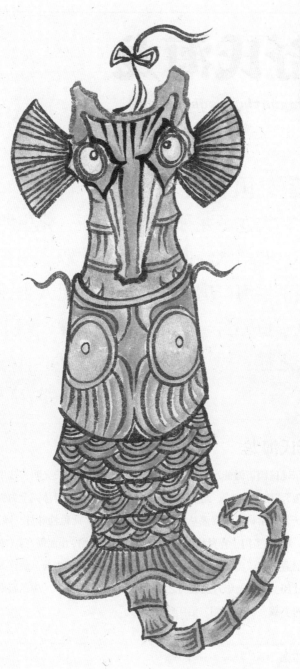

海馬精

舒氏海龙
Syngnathus schlegeli

催生鱼精

此精为龙子龙孙与海鱼为伍，化生所变。专司水族保育、催生之职。多徘徊于沿海产房难产妇周围，见人来以鱼子鱼孙舍与产妇催生，乃保产妇平安之怪。

舒氏海龙

胶东地区因可做催产药故名为"催生鱼"，因其细长又叫"钱串子鱼""杨柳枝鱼"。此鱼有尾鳍，尾部不能弯曲，身体完全为骨环所包。常栖息于海藻丛中。中国沿海均产。此鱼性味甘，咸，温。功能：多用于补肾壮阳，散结消肿，舒筋活络，止血催产。《本草拾遗》载："功倍海马，催产尤捷效。"《现代实用中药》载："为强壮药。用于老年人及衰弱之精神衰惫，治血气痛。"《中药鉴别手册》载："补肾壮阳，治阳痿，不育。"

鳞甲部 Scale Armor Department

催生魚精

油䱷

Sphyraena pinguis

香梭鱼精

张仙射天狗时，一路追逐至胶东不其城，化为农夫，向盐田撒芦苇叶后，叶片化为此鱼，张仙教授当地农夫农闲时捕鱼之法，乃去，余此鱼采天地之精气化为怪。此怪矮小，性凶。多西南风时从东海出。见之，收获不丰。

香梭鱼

今名"油䱷"，一种胶东沿海肉味鲜美之杂鱼。体细长，呈纺锤形，吻长，前端尖。体背部暗褐色，腹部银白色。此鱼脆，捕捞上岸多碎。中国产于黄海、渤海、东海和南海。肉鲜美，列为杂鱼类。游泳迅速，性凶猛，以小虾和幼鱼为食。产卵期为六七月，为较常见鱼类。

香梭魚精

鲻

Mugilcephalus

鲻鱼精

此精为鲻鱼数度吞噬东渡扶桑之圣人烟火所修炼而成。披金甲，持倭刀，常随巨轮之后流浮于其下。见之者多受其惑。

鲻鱼

胶东地区又名"白眼子鱼"，体形如锤形，体被圆鳞。身体被侧黑色，腹侧白色。多浮于水表活动，吞食浮游生物。

此鱼性味：甘，平。功能：主健胃益气，消食导滞。用途：用于消化不良，小儿疳积，贫血等症。《开宝本草》载："主开胃，通利五脏，久食令人肥健。"《食物本草》载："助脾气，令人能食，益筋骨，益气力，温中下气。"

鯔魚精

鮻

Planiliza haematocheila

梭鱼怪
传其为孝子董永妻归天庭，弃人间纺织用梭入海所化。此物性憨，贪吃。

鮻

胶东土名又称"梭棒""钉头"，栖息于沿海河川，咸淡水交界处。鱼体粗壮，头短宽，鳞圆大。以水底有机物为食。分布于中国各沿海。此鱼开春肥美，被当地人称为"开凌梭"，为当地春季重要美食。此鱼多食令人肥健。

椒魚怪

花鲈

Lateolabrax japonicus

鲈鱼精

相传为秦时，方士卢生为始皇帝去海外寻仙岛，得仙人点化，食丹药堕水所化。此鱼常做道家打扮，混迹于仙山名岛之道馆中，寻求人间香火，理人间水府相通事宜。

花鲈

胶东地区多称其为"寨花"。此鱼多生长于河口，近海淡咸水中，大者可达十余斤。口大，下颌长于上颌，体侧背鳍，鳍棘部散布黑色斑点，随年龄及个体变异而不同。此鱼分布于中国渤海、黄海、东海和南海。此鱼肉，腮入药。此鱼肉性味甘，温。腮：甘，平。有止咳化痰之功效。多用于小儿百日咳，小儿消化不良等。《食疗本草》载："安胎，补中，做脍尤佳。"《嘉祐本草》载："补五脏，益筋骨，和胃气，治水气。"《本草衍义》载："益肝肾。"

鱸魚精

多鳞鱚

Sillago sihama

沙钻鱼精

相传此鱼为雷公助龙王降雨，布雷时将雷凿掉落，坠入海者，日久化沙钻鱼。此鱼怪矮小。专司龙宫水族御马之职。

多鳞鱚

胶东地区方言称为"沙钻""船钉鱼"。鱼体细长，微侧扁。此鱼为食用鱼类，产于近海，列入杂鱼类。中国沿海均有分布。食用经济鱼类，肉质鲜美。《中国有毒及药用鱼类新志》载："功效，肉：甘，平。健脾，利水肿。主治：脾虚，水肿。"

沙鉆魚精

竹筴鱼

Trachurus japonicus

刺鲅鱼精

此怪由日久之碎搓衣板，得人之精气，入水所化。此怪狡狯善变，喜察言观色，溜须拍马，就坡下驴。常混迹人群，取得人信任，以骗取人间善良之气为己所用。

竹筴鱼

胶东地区多称之为"刺鲅鱼"，因其外形接近于鲅鱼和胎鲅，又因每年夏末随胎鲅鱼群之后出现，加之此鱼鱼体两侧各有一排棱鳞，为和前两者区别，渔民取其形，命名为"刺鲅鱼"。此鱼分布于中国渤海、黄海、东海及南海。《中国有毒及药用鱼类新志》载："竹筴鱼体内组氨酸含量高，如鱼体不够新鲜，或放置时间过久，食后会引起过敏性食物中毒。"

刺鯾魚精

沟鲹

Atropus atropus

黑鳍鲳精

旧时吕祖云游四海，化身为乞儿，行至莱州，为恶犬所追逐，吕祖不忍伤其性命，遂用黑面饼数枚投掷，望其离开。黑面饼随势入海者，遂化为黑鳍鲳精。此怪通体胖黑，性憨。常散步至浅海。闻人声乃遁。

黑鳍鲳

又名"女儿鲳""铜镜"，学名沟鲹。体侧扁，呈圆卵形，头中等大，眼较大，尾鳍叉形，体背蓝灰色，腹部乳白色。为近海鱼类。山东沿海的海阳、莱州产量居多。鱼汛期为芒种至夏至。栖息于近海浅海海域。为重要食用经济鱼类。

黑鰭鯛精

黄尾鲕

Seriola lalandi

黄犍子鱼精

相传郑康成骑犍牛驮书，自东莱建书院讲学，犍牛自去，入海，化为黄犍子鱼精。此精着金甲，持剑，为龙宫侍卫。

黄犍子鱼

胶东地区又称"黄犍牛"，学名"黄尾鲕"。此鱼体长呈椭圆形或纺锤形，体背蓝褐色，腹部灰白色。鱼鳍褐色，具有黄色边缘。游于水力极大。肉味肥美，为食用鱼。在中国产于黄海、渤海及东海。食用经济鱼类。肉质鲜美。《中国有毒鱼类》载："鱼体内组氨酸含量高，如鱼体不够新鲜，或放置时间过久，食后会引起过敏性食物中毒。"

鳞甲部　Scale Armor Department

黄犍子魚精

黑鳍髭鲷

Hapalogenys nigripinnis

唇唇鱼精

此怪多见于礁石附近，徘徊不去，传乃海贼守沉银所化。见此怪，须高声念："恶念善念，存于一心，黄仙白谷，各归各路。"乃去。否则见此怪多有不吉。

唇唇鱼

即"黑鳍髭鲷"，一种近海鱼类，头和体侧具有七条褐色横带。体被硬栉鳞。底栖，游泳迟缓，群聚居住，栖息于多岩礁海区。分布于中国渤海、黄海、东海和南海。《中国药用鱼类》载："鳔含有大量蛋白胶物质。性味：甘，平。功能：用于清热消炎，熟用补气活血。用途：用于腮腺炎，将鲜鱼鳔或干鱼鳔烫软贴敷患处。"

鳞甲部　Scale Armor Department

唇唇魚精

臀斑髭鲷

Hapalogenys analis

铜盆鱼精

东崂有华楼山，山有华表峰，名曰
"梳洗台"。有七仙女下凡，至此沐浴，
梳洗。偶被凡人识破，仙女弃此而去。
扔铜盆入东海，化为此物。年久生怪。
此怪半鱼半人，能言善辩，犹擅巧辩。
常化为人形，去街头闹市蛊策人心。
人多恶之。

铜盆鱼

胶东地区又有叫"海猴子"者，皆属此类。学名"臀斑髭鲷"。
此鱼身带条纹，背多刺。胶东地区产量不大。可供食用。
分布于中国渤海、黄海、东海和南海。此鱼多食明目。《中
国药用鱼类》载："鳔含有大量蛋白胶物质。性味：甘，平。
功能：用于清热消炎，熟用补气活血。用途：用于腮腺炎：
将鲜鱼鳔或干鱼鳔烫软贴敷患处。"

銅盆魚精

黑鳃梅童鱼

Collichthys niveatus

大头宝精

此精乃大头宝鱼喝船溺所化，此怪擅恶作剧。常混迹于沿海渔家婚礼现场，以趁乱入洞房恐吓新娘子为乐，为人所不齿。

大头宝鱼

今名为"黑鳃梅童鱼"，此鱼头大，体部灰黄色，腹部金黄色，发光颗粒金黄色，背鳍灰色，其他各鳍金黄色。产量高。胶东地区常随毛虾一同捕捞。中国产于渤海、黄海和东海。此鱼多食补脑。《中国药用鱼类》载："功效，肉：甘，平。滋阴强壮，健脾开胃。主治：小儿夜尿，贫血，消化不良。梅童鱼适量，煮汤服用。"

鳞甲部　Scale Armor Department

大頭寶精

黄姑鱼

Nibea albiflora

黄姑子鱼精

民间相传薛礼东征时，有一皇姑随军出征。皇姑能文能武，班师回朝时坠渤海，化为此鱼，通体金黄。持御赐法宝"金如意"，此宝能透天机，求必应。故水府有大事必去此怪处卜其吉凶。

黄姑鱼

胶东地区称其为"铜鱼"，因其通体黄色故名。此鱼为胶东地区重要食用鱼类。每年立夏至芒种产量最盛。此鱼鳔具有发声力，尤在鱼群密集的生殖盛期。此鱼分布于渤海、黄海、东海和南海。《中国药用海洋生物》载："此鱼鳔：甘，咸，平。功能：补肾，利水消肿。用途：用于产后腹痛，肾炎浮肿。产后腹痛：鱼鳔煮服。肾炎浮肿：肉不加盐清蒸服用。"

鳞甲部 Scale Armor Department

黄姑子魚精

鮸

Miichthys niiuy

鳌鱼精

此怪为唐时"牛李党争",失利者入海,妄从水路入百越,遇风浪,入水感应,所化此怪。此怪着红袍,能献言献策,为水府文官之一。喜结朋党。

鳌鱼

学名为"鮸",此鱼体背灰黑色,腹部色较淡。中国沿海均产,但南海数量不多。渔民捕捞此鱼,多喜取其鱼鳔,为重要滋补药用之物。《中国药用海洋生物》载:"药用部位为鳔,鳞。性味:甘,咸,平。功能:养血,止血,补肾固精,消炎。用途:用于再生障碍性贫血,吐血,肾虚遗精,疮疖,痈肿,无名肿毒,乳腺炎等。"

鳞甲部　Scale Armor Department

鱖魚精

银姑鱼

Pennahia argentata

白姑鱼精

传古时登州有白氏女，其父为渔民。偶出海，遇风浪遇难。白氏女于海边大哭三日，自坠于海。化为鸟，头白色，啼声为"白姑，白姑……"入春，群鸟入海则化之鱼，名曰"白姑鱼"。此怪常于风波中引渔船归，故古时渔民在船上多雕此怪。

银姑鱼

胶东地区亦称其为"白姑子"。此鱼属石首鱼，体延长，侧扁，体背灰褐色，腹部银白色。中国沿海均产。栖息于泥沙底质的近海海区。为重要食用经济鱼类。

白
姑
魚
精

皮氏叫姑鱼

Johnius belengerii

叫姑子鱼精

秦时，有孟姜女为皇帝所逼投海，化为鱼，日久成精。因惦念家仅剩一小姑子，常做人声呼唤，故称"叫姑子鱼"。此鱼怪龙宫安家。多见于月圆之夜，见之大吉。

皮氏叫姑鱼

乃胶东地区常见鱼类。体延长，侧扁，头短而圆钝。体背灰褐色，腹部乳白色。中国沿海均产。栖息于水深不超过四十米的泥沙质或岩礁周围。鳔能发声，发出断断续续的咯咯声，如蛙鸣。为小型食用经济鱼类。春季鱼汛。肉进补，鱼脑石有清热解毒之效。

叫姑子魚精

小黄鱼
Larimichthys polyactis

小黄鱼精

相传此物为仙岛扶桑木所生春金叶飘落北溟之水所化，其怪生脑石，凡人取之服食，可见山精水怪。此怪春季常见，持乐器吹打，渔民往往随乐器声获此鱼。

小黄鱼

胶东地区又称其为"黄鱼""小黄花"。此鱼体延长，头大，尖钝。吻短，钝尖。体侧上半部为黄褐色，下半部和腹部为金黄色。此鱼分布于中国黄海、渤海、东海及台湾海域。喜栖息于水深不超过一百米的近海沙泥底质水域。夏季生殖季节集群洄游至河口，内湾浅海水域，鳔能发声，声如擂鼓。为中国传统四大产业鱼类之一。名贵经济鱼类，鱼鳔可制黄鱼胶。由于近年过度捕捞，小黄鱼资源遭到严重破坏。产量急剧下降。《中国有毒及药用鱼类新志》载："药用部位为：肉，鳔，耳石（鱼脑石）。功效：耳石性味，甘，咸，寒。用于收敛解毒，清热通淋。鳔：甘，咸，平。用于滋阴添精，养血止血，润肺健脾。胆：苦，寒。用于清热解毒，平肝降脂。"

小黄魚精

黑棘鲷

Acanthopagrus schlegeli

黑加吉鱼精

相传此怪为李老君为天河疏浚天丁铸造之玄铁锹头坠入东海所化，此怪着绿袍，通体黑色，持铁锹，专司龙宫水府营造之职。

黑加吉鱼

今名"黑棘鲷"，胶东地区又称其为"海鲋"。鱼体椭圆形。鳍棘强大。体背部灰黑色。带银色光泽。中国沿海均产。常栖息于底质沙泥或沙砾的近海。有时进入河口。喜集群，生殖季节游向近海。杂食性。雌雄同体，在三四岁前全为雄性，其后转变为雌性。《中国有毒及药用鱼类新志》载："鱼卵含鱼卵毒素。一般经充分烧煮可破坏毒素。误食会引起呕吐，腹痛，腹泻等症状。"

鳞甲部 Scale Armor Department

黑加吉魚精

真赤鲷

Pagrus major

红加吉鱼精

此怪传为天后红丝巾所化，性顽强，能定海，常做水府之庙配飨之形出现。此怪忠勇，着红袍，遇之大吉大利。

真赤鲷

俗名"加吉鱼""红加吉"，体长椭圆形，侧扁。身体呈淡红褐色，带金属光泽，腹部银白色。此鱼在黄海地区南部深海越冬，每年春季到达山东地区外海，经成山头入渤海，在莱州一带产卵。鱼群分散，十月份水温低，入深海越冬，为贵重的食用鱼类。中国沿海均产。《中国有毒及药用鱼类新志》载："鱼肉：性味甘，平；补肾益气，治血养血。鳔，清热解毒。主治风湿腰痛，腮腺炎。"

紅加吉魚精

海鲫

Ditrema temminckii

海刀子精

相传为古"莱子国"武士外御敌军，手刀入水所化。此怪面目可憎，常入市做人形，搬弄是非，挑拨离间。为人所忌恨，执艾可祛除此怪。

海刀子

即"海鲫"，又称为"九九鱼"。体卵圆形。侧扁，头小，眼大。身体灰褐色，有银色光。此鱼为近海常见鱼类。在中国产于渤海和黄海。

海刀子精

吉氏绵鳚

Zoarces gillii

鲶光精

民间相传原为上古封神时期大战"诛仙阵"时，阵中之法宝"镇魂钉"。后因被打入东海，落水为精。此怪并未修为人形，常数头附船头吐气，令船只迷失方向。见之不吉。

吉氏绵鳚

胶东地区多称为"鲶光鱼"，肉软糯，为常见食用鱼类。此鱼卵胎生，底栖。体长鳗状，微侧扁。头钝小。口大。体为灰褐色。在中国产于渤海和黄海。可食用，经济价值不高。

鯰光精

玉筋鱼

Ammodytes personatus

面条子鱼精

民间相传，越国有美女，乘螺槎入琅琊，手戴细丝银镯，脱手入海湾，遂化为此鱼。此鱼怪性温和勤劳，为龙宫水府之"更夫"。夜间海上常有忽闪之灯火，多属此怪。

面条子鱼

即"玉筋鱼"。可鲜食，亦可晒干食用。胶东地区居民甚喜食用。鱼体细长，稍侧扁，体背侧绿色，腹部银白色。产于中国渤海和黄海。栖息于沙质环境，喜钻游沙内。群栖性。

面條子魚精

小带鱼

Eupleurogrammus muticus

林刀鱼精

相传为林天后用来斩妖的宝刀所化。此怪为水府殿前御史。多见于水府祭祀之所。

小带鱼

胶东地区称为"林刀鱼""刀鱼""林荡鱼"。是沿海人民非常熟悉的一种鱼类，产量大。此鱼性贪食，游泳迅速，多栖息于水底中下层。此鱼呈带状，体银白色。中国沿海均产。厌强光，喜弱光，性凶猛。为我国重要经济鱼类。《本草从新》载："甘，温。补五脏，祛风杀虫。"《食物宜忌》载："和中开胃。"《随息居饮食谱》载："暖胃，补虚，泽肤。"

林刀魚精

鲐

Scomber japonicus

鲐鲅鱼精

相传古时，胶东外海有城曰"洪州"，因其居民贪婪狡狯，为天帝所恶，遂令其沉入深海。其城内器物，日久成精，不足为奇。其中有青瓷者，化为此鱼怪。常登陆上岸，化为算命讲天之江湖术士，巧舌如簧，以骗取人间香火游资。燃猪油可令其现形。

鲐

胶东地区称为"鲐鲅鱼""青花鱼"。鱼体纺锤形。尾柄短而细。眼大。其体侧有深蓝色或绿色条纹。此鱼为洄游性鱼类，春季来山东半岛洄游产卵。中国沿海均有分布。为重要食用经济鱼类。《中国药用海洋生物》载："此鱼性味甘，平。功能滋补强壮。用途：用于慢性胃肠道疾病，肺痨虚损，神经衰弱等，肉适量炖服。"

鳞甲部　Scale Armor Department

鮎鲅魚精

蓝点马鲛

Scomberomorus niphonius

鲅鱼精

传说是当年天蓬元帅定天河法宝之一"银萝蘩"入海所化。此怪身形魁伟，持船桨为武器。此怪一出，风波平。

蓝点马鲛

"蓝点马鲛""康氏马鲛""中华马鲛"，在胶东地区统称为"鲅鱼"。此鱼性贪婪，春季五月间向胶东海域游来。胶东地区民间有习俗，谷雨鲜鲅鱼上市，先买来孝敬自己的岳父。所以有俗语："谷雨到，鲅鱼跳，丈人笑。"此鱼产于中国渤海、黄海、东海及台湾海域。《中国有毒及药用鱼类新志》载："药用部位：全鱼，鳃（晒干备用）。功效，肉：健胃，补气，平喘。干鳃有清热解毒，透疹功效。主治：小儿咳喘，身体消瘦，小儿麻疹。蓝点马鲛鲜肝不宜多食。否则会发生中毒事故。"

鮁魚精

镰鲳

Pampus echinogaster

鲳鱼精

此物多见于胶东地区"五爷庙"配享。此精怪相传为"宝船"沉没，船中所载银锭，因感而化。此怪随龙王五子"龙五爷"出巡。为民间渔夫走卒散播财物。见此怪则大吉。

镰

俗称为"鲳鱼""镜鱼"。此鱼体短而高，呈菱形。嘴小。栖息于外海。每年五六月生殖期游向近海，成鱼汛。中国产于渤海、黄海、东海及台湾海域。此鱼肉肥厚，鲜美可口。为常见经济鱼类。此鱼肉性味平，甘，淡。功能：益气养血，柔进利骨。用于消化不良，贫血，筋骨酸痛，四肢麻木等。《本草纲目》载："肥健，益气力。腹中子有毒，令人痢下。"《本经逢原》载："益胃气。"《随息居饮食谱》载："补胃，益气，充精。"

鯤魚精

矛尾虾虎鱼

Chaeturichthys stigmatias

光鱼精

相传此鱼怪上古为龙宫宠臣。由于其生长速度极快，忘乎所以，口出狂言曰："一年生一尺，两年长一丈，一百年赛过老龙王。"龙王闻其言，冷笑曰："让尔族当年生，当年死。"自此以后，光鱼一年长成，春末产卵后即死。此怪遂绝。

光鱼

胶东地区常见鱼类，学名曰"矛尾虾虎鱼"。城阳，即墨地区有称其为"四月瘦"者。因其每年春天四月产卵，产卵后不吃不喝守护鱼卵，直到衰竭而死，故名。此鱼分布于中国渤海、黄海、东海和南海。此鱼肉性味：甘，咸，平。功能：暖中益气，补肾壮阳。用途：用于虚寒腹痛，胃痛，痞积，消化不良，小便淋沥等。《本草纲目》载："暖中益气。"《医林纂要》载："利小水，通淋。"

光魚精

纹缟虾虎鱼

Tridentiger trigonocephalus

狗光鱼精

民间相传，狗光鱼为胶莱渡口镇河之宝"面瓜籽"日久所化。常成群结队出现。擅发矢，为龙宫兵丁。常结队用头撞船底，致船沉。此怪出，则风浪至。

纹缟虾虎鱼

胶东地区称其为"虎头鱼"，或"狗光鱼"。胶南一带称其为"垂垂子"。色黑，眼高，为常见小型虾虎鱼。退潮海滩水坑中常能见到。

狗光魚精

拉氏狼牙虾虎鱼
Odontamblyopus lacepedii

牙鳝鱼精

相传胶东阴岛地区一老黄鼠狼作祟，民众不堪其扰，适逢鲁班爷游至此地，遂化身为"船木匠"，暗中教授岛上渔民"打笼"技术，对黄鼠狼进行诱捕。"打笼"内设诱饵机关，一旦触碰则难以逃脱。黄鼠狼果然中计，不得脱身，遂蜕其皮，从间隙忍痛逃脱，入海则化为"牙鳝鱼"，日久成精。此怪未脱鱼形，性凶，常破坏渔网。为渔人恨。

拉氏狼牙虾虎鱼

红岛称其为"牙鳝"，胶东地区有称其为"狼条""小狼鱼"者，皆为此鱼。此鱼口大，体细长，多生活在浅海河口，在泥沙中钻穴生存。产量较大。此鱼食用价值较小，多做饲料之用。

鳞甲部　Scale Armor Department

牙鱃魚精

弹涂鱼

Periophthalmus modestus

海狗精

此怪为守宫食惊蛰之"蛰龙"之溺而
入海化鱼，日久成精。其怪着金甲，
通水陆，为水府与人间之"路引"。
相传柳书生传龙女书即为此怪引柳书
生入龙宫水府。

弹涂鱼

胶东地区称之为"海狗儿""泥猴儿"，此鱼生活于海边泥滩，
常游出水面，匍匐或跳动于泥滩上，遇危险则跳入水中逃
逸。《中国有毒及药用鱼类新志》载："此鱼性味甘，平。功效：
滋补益气，补肾壮阳。主治：耳鸣，头晕，盗汗，疲倦乏力，
腰酸，阳痿，肾虚等症。"

鳞甲部　Scale Armor Department

海狗精

许氏平鲉

Sebastods schlegelii

黑寨鱼精

传东莱国以东临海，有黑石寨，其民肤色黑，一夜海涨，没其寨，寨民遂化成鱼。常化为鱼怪，每年农历八月十五，于子夜与当地土人以深海奇珍互市易物。其怪愚钝，民多用廉价商品换其海珍以致暴富。由于土人贪婪，此怪渐渐不再与土人互市，但月圆之夜仍时有见之。

黑寨鱼

学名"许氏平鲉"，近海冷水性底层鱼类。体背刺有毒。被刺后即发生急性剧烈阵痛。伤口红肿，灼热。为沿海地区常见杂鱼，味鲜美。但产量不大。此鱼性味甘，平，有清热消炎之效。

黒塚魚精

日本鬼鲉

Inimicus iaponicus

海蝎子精

相传，天宫有毒虫王为雷部将，随龙王降雨，遂入海。性火爆，持"雷凿"行雨则在其旁鼓噪。

海蝎子

即毒鱼"日本鬼鲉"，此鱼生活于近海底层，分布于中国渤海、黄海、东海和南海。鳍刺基部有毒腺，毒性大。《中国有毒鱼类》载："鬼毒鲉鳍棘和头部棘突毒性强，被刺后产生急性剧烈阵痛，创口青紫，红肿，灼热，痛状有如烧灼和鞭抽感。难以忍受。有时持续数天，并伴有全身阵痛，发热畏寒等症状。"毒刺相传轻划患处，治无名疥疮，牙龈肿痛。

海蝎子精

短鳍红娘鱼

Lepidotrigla microptera

红头鱼精

传说西番进贡丹砂，于海上遇风浪而没，丹砂入水，沉。有鱼服食，乃采灵气，日久为怪。传此怪头坚硬如铁，常伏于船底，撞船底以自娱。此怪怕醋，遇此怪洒醋可避之。

短鳍红娘鱼

胶东沿海称其为"红头鱼"或"红娘子鱼"。体长，头略大，体红色，是靠近海底层生活的鱼类。产于中国渤海、黄海和东海。此鱼性味甘，平。有养胃平阴之效。

紅頭魚精

刺绿鳍鱼

Chelidonichthys spinosus

绿鳍鱼精

民间传说，此鱼为莺鸟误食卤水，成群入海。即莺莺鱼。此怪为水府巡视，多见于外海。近海鲜有耳闻。

刺绿鳍鱼

胶东一带多称为"莺莺鱼""绿莺莺"，此鱼多底栖，常和红娘鱼混淆。产量较红娘鱼少。中国沿海均产。此鱼性味甘，咸，平。多食其肉有养胃，润肺之效。

綠鱗魚精

斑头六线鱼

Hexagrammos agrammus

黄鱼精

相传有老僧，东渡扶桑传习佛法，路遇恶龙，乃将僧衣扔入水，并念佛号，恶龙乃去。僧衣被黄鱼得，日久为怪，常穿僧衣，持手钏，念佛号，出入于达官显要府邸，多得赏赐。

黄鱼

学名"斑头六线鱼"。胶东渔民为区别于学名为"黄鱼"的"黄花鱼"，称此鱼为"黄鱼"。黄鱼生活在胶东地区，黄海、渤海近海底层，为该地区常见小杂鱼。此鱼肉养肝，温胃。汤利尿。

鯒

Platycephalus indicus

摆驾鱼精

民间传说，齐天大圣闹天宫，与天河众将决战，将左天蓬之坐骑"避水兽"之尾梢削掉，坠入东海，化为此物。日久成精。此精正直任侠，着青袍挂长剑，常入人间，铲不平之事，民间传"剑仙"者，多由此怪幻化。

摆驾鱼

又名"老头鞭子""牛尾鱼"。学名为"鯒"。体长条形，稍扁平，吻扁圆。分布于中国沿海各地。主要栖息于沿岸沙泥质海底。为常见鱼类。此鱼性味咸，平。多食下奶。为滋补佳品。

擺駕魚精

鳄鲬

Cociella crocodilus

大眼骡子鱼精

此精性凶猛，面恶，传骡子为"金蚰蜒"所戏，感染邪气所产。日久成怪。此怪为水府差官，专司追捕逃亡、惩治奸恶之职。

大眼骡子鱼

胶东地区又称为"肿眼泡子"，学名为"鳄鲬"。外形似鲬，眼大，产量较鲬小，产于中国沿海各地，为常见底栖鱼类。此鱼性味甘，咸。肉补五脏，强筋骨。

大眼驟子魚精

褐牙鲆

Paralichthys olivaceus

偏口鱼精

上古时期，仙人王子晋之履其中之一入东海化为鱼，因其灵气，日久成精，后随海主征讨，立有功。为水府门神。守水府正门。

偏口鱼

学名为"褐牙鲆"，胶东地区又称为"牙片"，身体长卵圆形，侧扁。此鱼分布较广，形体大，为重要经济鱼类。中国产于黄海、渤海、东海及台湾海域。鱼汛每年四月至十月为主。《中国药用海洋生物》载："此鱼性味：甘，平。用途：用于消炎，解毒，急性肠炎。鲀鱼中毒，将此鱼煮熟食用可解。"

偏口魚精

高眼鲽

Cleisthenes herzensteini

鼓眼鱼精

此精亦为上古仙人王子晋之履之一入东海所化为鱼。日久成怪。此怪性忠实。随海主左右，封为水府门神。和偏口鱼精守水府正门。

高眼鲽

胶东地区土名"鼓眼"或"长勃鱼"，此鱼两眼在身体右侧，体略长。为重要经济鱼类，全年可捕捞，鱼汛期最盛在每年三四月。体形较小。中国分布于黄海、渤海及东海。此鱼性味甘，平。功效：壮阳补气。主治腰酸背痛。

鼓眼魚精

圆斑星鲽

Verasper variegatus

花片鱼精

共工氏怒，触不周山，至天穹倾斜，有星石坠东海，遇水而碎，化为鱼，日久成怪。此怪有灵气，多隐而不露。

花片鱼

学名曰"圆斑星鲽"。两眼在鱼右侧，体卵圆形，略高。此鱼较大，产量略低。在中国分布于渤海、黄海及东海。此鱼肉性味：甘，平。用途：多用于滋阴补气，强身壮阳。

花片魚精

带纹条鳎

Zebrias zebrinus

花鞋底精

达摩老祖回身毒之土，留一履，日久成怪，入海化此鱼怪。此鱼怪擅经学，好为人师。经院、学馆，此怪常现身其中。

带纹条鳎

胶东地区俗称"花鞋底""花牛舌"。此鱼两眼在其身体右侧，体延长，呈舌状。在中国分布于渤海、黄海、东海及南海。此鱼性味甘，平，肉用于治疗胃积食，消化不良。煅灰服用。

花鞋底精

半滑舌鳎

Cynoglossus semilaevis

舌头鱼精

秦时，有方士向始皇帝道，胶东有王气。有石牛从东海出，昼则失其所在。始皇帝则命人用"断龙锁"将石牛困住，拔掉牛舌。石牛失其灵气，入海化为礁石，牛舌入水则化为鱼。胶东王气遂断。此鱼日久则成怪。此怪巧舌如簧，为海府幕僚，偶有出海，见之则空网。

舌头鱼

学名"半滑舌鳎"。胶东地区又名"牛舌头"。两眼在其身体左侧，身体呈舌形扁片状。中国沿海均产。栖息于沿海沙质海底。产量较多。此鱼肉性味甘，咸，平。《中国有毒及药用鱼类新志》载："此鱼功效：补气健脾，益气养血。主治：脾虚体弱。"

鳞甲部 Scale Armor Department

舌頭魚精

鮣鱼

Echeneis naucrates

印头鱼精

古时，有国破之忠臣名将，跳海自沉，其随身印绶，染其正气，化为鱼，日久成精。此精怪为龙宫水府之捧印官，专司玺印保管之职。

印头鱼

即"鮣鱼"。此鱼体细长，头及体前段扁平，第一个背鳍演变为长圆形吸盘，借以吸附在鲸、鲨等大鱼身上，借以远游。为海产奇形鱼类。中国产于渤海、黄海、东海及南海。此鱼肉性味甘，温。有滋补，强壮之效。

印頭魚精

三刺鲀

Triacanthus biaculeatus

炮台架精

西番有国，名曰"佛郎机"，其国擅做火炮。有佛郎机国技师名曰"合居汁"者，来中土传炮技，中途遇罡风船沉，"佛郎机炮"之技遂播水府。此精怪专司水府炮局。此怪精于计算，行事刻板，为其他水精所忌。

炮台架鱼

学名"三刺鲀"。体长椭圆形，侧扁，尾细长，身有三刺。为近海底层小杂鱼。中国沿海均产。《中国有毒及药用鱼类新志》载："此鱼药用部位：皮，肉。功效：润肺止咳，消积开脾，消痰化食。主治：中耳炎，咳喘，胃病咯血，胃酸过多。"

鳞甲部 Scale Armor Department

炮臺架精

绿鳍马面鲀

Thamnaconus modestus

扒皮郎精

此鱼为祝英台前夫马文才所化。日久成怪。为水府参将。性狂放，好附庸风雅，常化作暴富人状，去古玩字画，书肆，寻其所好。

扒皮郎

学名绿鳍马面鲀，胶东地区又叫"面包鱼"。此鱼椭圆形，头短，侧面似三角形。中国分布于渤海、黄海、东海及台湾海域。为底层杂食鱼类。食用时须将鱼皮剥去。也可加工为鱼干和鱼片。《中国药用海洋生物》载："此鱼肉性味甘，平。主治胃病，乳腺炎，消化道出血等疾。"

鳞甲部 Scale Armor Department

扒皮郎精

虫纹东方鲀
Takifugu vermicularis

面廷巴鱼精

此鱼为疥虾螟吞夹带棉铃虫的棉桃，恰又被龙吸水带入海中所化，日久成精。此怪为水府主簿，专司文案。

面廷巴鱼

学名为"虫纹东方鲀"。此鱼体稍长，前部粗圆，尾部变渐尖。身体有虫蚀纹状花纹。中国产于渤海、黄海、东海及南海。有气囊，能让身体鼓胀。内脏及血液有剧毒。性味甘，温。有滋补强壮，解毒，消肿，镇痛之效。

面廷巴魚精

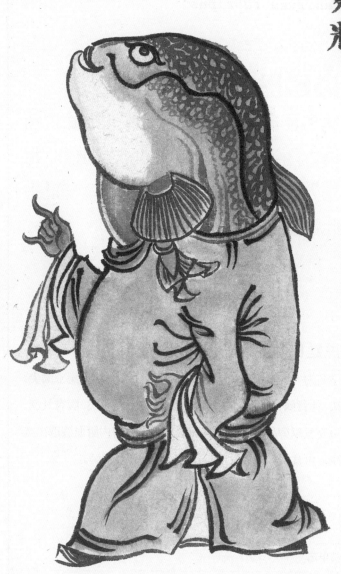

红鳍东方鲀

Takifugu rubripes

黑廷巴鱼精

此精怪多见于近海，相传为蟾蜍食黄精，随河流入海所化，日久为怪。常化为岸边渔民，行蛊惑之事。一旦中此蛊毒，可服用陈年粪水催吐。

黑廷巴鱼

学名为"红鳍东方鲀"。此鱼体稍长，前部圆粗，尾部渐尖，头，体背侧有黑点，腹白色。为近海杂食性鱼类，腹有气囊，可充气以御敌。内脏及其血液有剧毒。将内脏血液取出洗净，可食用。此鱼性味咸，平，可补肾，润肺。

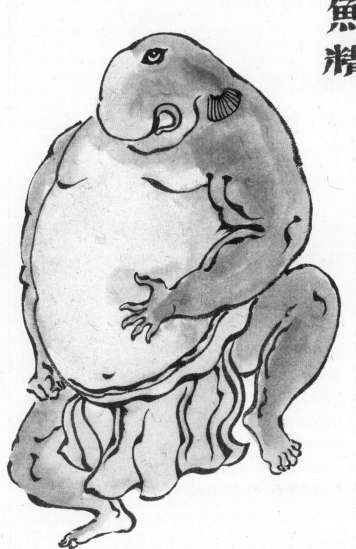

黑廷巴魚精

黄鮟鱇

Lophius litulon

海蛤蟆鱼精

天王李药师平陈塘关海患，将自己的法宝"洋琵琶"投入海，日久成精。此精，有仙法神力，为龙宫所用，封殿前大将军。此怪性凶猛，顽强，为水族恶物所忌惮。

海蛤蟆鱼

学名"黄鮟鱇"。此鱼体前段平扁，呈圆盘形，向后尖细。头大而扁平。口宽大，下颚长，腮孔宽大。喜潜伏沙滩，用变形的第一背鳍棘引诱猎物。中国分布于渤海、黄海及东海北部。《中国药用海洋生物》载："此鱼头骨，肝胆，及其胃内小鱼皆可入药。骨头性味:咸，平。胆性味:苦，寒。用于消炎，制酸，清热解毒。胃内小鱼晒干研末冲服治胃酸过多。"

海蛤蟆魚精

文昌鱼

Branchiostoma

文昌鱼精

传文昌帝君张亚子，生及冠，母病疽重，乃为吮之，并于中夜自割股肉烹而供，母病遂愈。剩其肉条，为赤乌所获，衔于东海，投入水，化为鱼，曰文昌鱼。日久得封。成人形。此怪主管水府文运昌盛之职。有文运者得见之。

文昌鱼

又名长矛鱼。皮肤薄而半透明，表皮外在幼体期生有纤毛，成长后则消失。分布于中国胶州湾的青岛及厦门。文昌鱼性味甘，平。有活血化瘀，去腐生肌之效。

文昌魚精

细纹狮子鱼

Liparis tanakae

海孩子鱼精

有贪婪之辈，多为游资之神附其肉身。人大限至，游资之神亡于海，多化为此物。此怪精于算计，常化为怨妇，于集市摆地摊兜售货物，每获利，便吞钱于腹。日久腹破而亡，然此类仍乐此不疲。

细纹狮子鱼

又称为"大学生"，鱼体延长，前部亚圆筒形，后部渐侧扁狭小。头宽大平扁，吻宽钝，眼小。此鱼性味寒，凉，平。有滋阴，平肝之效。

鳞甲部　Scale Armor Department

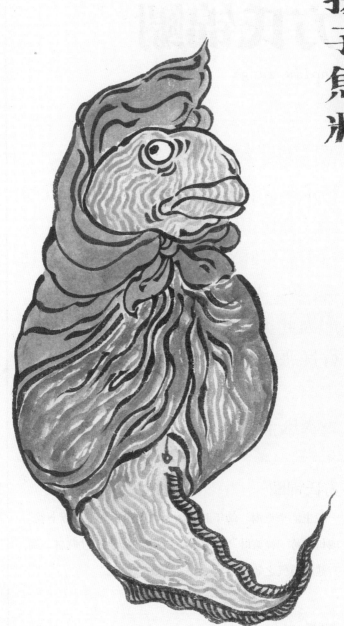

海孩子魚精

方氏锦鳚

Pholis fangi

高粱叶精

传宋时，有疯僧入登莱，喜与小儿嬉闹，募化得钱即购糖果分与小儿，某日采高粱叶一箩，言捉鱼，众人笑其痴，然，高粱叶投于水即活，化为鱼，即为此类。日久成此怪。此怪善变，好逸恶劳，喜窃取人间之物，兜售于鬼市。得钱，便赌，逢赌必输，输则蜕衣逃于水。

方氏锦鳚

一般生活于近海。幼年时，体呈微黄色，俗称"萝卜丝"。成鱼俗称"高粱叶"。为胶东地区特产。此鱼性味甘，温。有健脾益气之效。

鳞甲部　Scale Armor Department

高粱葉精

日本眉鳚

Chirolophis japonicus

老头鱼精

东极有国，岛有树，树结果，凡人食之，不知甘凉。有倭国人，遇风浪，登岛，食果数年，日久，面貌生变，某日突跃入水，化为鱼怪。此怪性孤僻，多自语曰"螺里来里螺……"之类发音，不知何意。

日本眉鳚

俗称老头鱼。属鲈形目、线鳚科。体延长，侧扁。头小，吻短，吻端圆钝。中国北部沿海均有分布。肉鲜美。

老頭魚精

青䲘

Gnathagnus elongatus

誉鱼精

传里仁乡有巨岩，岩下藏有磨盘大虾蟆，常吞噬乡民六畜，乡民不胜其烦，遂祷告于东岳大帝。帝闻之，命用封魔铜将其打入海，遂化为鱼怪。此怪性贪恶，常化为恶妇，于世间乞讨，每被拒，便暗暗记之，伺机投毒报复。乡民多厌之。

青䲘

体略呈方形，稍侧扁，口大朝上。鱼体黄棕色，散布不规则的蓝绿色斑点。尾黑褐色。可食用，味劣，多做下杂鱼处理。具有毒棘，易伤人。性味甘，平，有滋养肝肾之效。

誉魚精

鲸鲨

Rhincodon typus

豆腐鲨精

东海寒食有浮岛，夜间出，渔民登岛，见岛无树木、居民，乃离去，岛随即隐没于水。方知此大鱼也。海大鱼即为此类。水府封为水府大将，领族类镇于海。

鲸鲨

胶东俗称"豆腐鲨"，全长可达二十米，为世界上最大的鱼类。体表散布淡色斑点与纵横交错的淡色带，犹如棋盘。鼻孔位于上唇的两侧，出现于口内。牙多而细小，排成多行。属大洋性鱼类。食大量浮游生物和小型鱼类。分布于中国沿海海域。《中国海洋药物辞典》载："肝入药（鱼肝油）有滋补强壮、壮骨、明目之功效。主治营养不良、久病体虚、狼疮、皮肤结核、佝偻病、软骨症、夜盲症、干燥性眼炎等症。并用于产妇及幼儿滋养剂。"

豆腐鯊精

白鲟

Psephurus gladiu

白鲟精

天河有白练，出于南，时入海。化为鱼，为此类。此物达万斤时，成精怪。此怪性善，任"河伯"一职。惜为人所伤。今已不见。

白鲟

古称为鲔。俗称"象鱼"。春季溯江产卵。主产于中国长江自宜宾至长江口的干支流中，现在主要在长江流域，以及黄海、渤海和东海等近海海域。

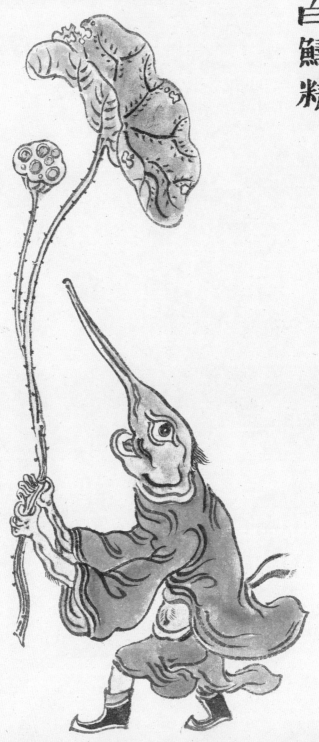

白鱣精

肆

海兽部

Sea Animal Department

斑海豹

Phoca largha Pallas

海豹精

此物传为分水将军坐骑。分水将军当值，将其弃于水，日久化为水族。千年后成精。此怪徒有其表，迂腐无知，为水府司马。

斑海豹

体粗圆呈纺锤形。全身被短毛，背部蓝灰色，腹部乳黄色，带有蓝黑色斑点。头近圆形，眼大而圆，无外耳郭，吻短而宽，上唇触须长而粗硬，呈念珠状。四肢均具五趾，趾间有蹼，形成鳍状肢，具锋利爪。后鳍肢大，向后延伸，尾短小而扁平。毛色随年龄变化：幼兽色深，成兽色浅。海豹栖息海中。上岸时多选择海水涨潮能淹没的内湾沙洲和岸边的岩礁。分布于中国的黄海、渤海及东海。《中国药用海洋生物》载："雄性海豹外生殖器入药，药材名海狗肾。性味：咸、热。功能：补肾壮阳，益精补髓。用于虚损劳伤，阳痿精衰，腰膝痿弱等症。"

海兽部　Sea Animal Department

海豹精

儒艮

Dugong dugon

海牛精

传东海海中有流波山，入海七千里。其上有兽，状如牛，苍身而无角，一足，出入水则必风雨，其光如日月，其声如雷，其名曰夔，夔入海，则化为此物。日久成精。此物善吼，力大，多为水府鼓手。

儒艮

据胶东老渔民描述，旧时海里有物曰"海牛"，疑似海生哺乳动物儒艮。儒艮的身体呈纺锤形，全身有稀疏的短细体毛。没有明显的颈部，头部较小，上嘴唇似马蹄形，吻端突出有刚毛，两个近似圆形的呼吸孔并列于头顶前端；无外耳郭，耳孔位于眼后。无背鳍，鳍肢为椭圆形。鳍肢的下方具一对乳房。背部以深灰色为主，腹部稍淡。儒艮多在海草丛中出没，有时随潮水进入河口，取食后又随退潮回到海中，很少游向外海。分布于中国南海。《中国海洋药物辞典》载："油入药。有滋补强壮之功效。主治肺疝，体质虚弱等症。"

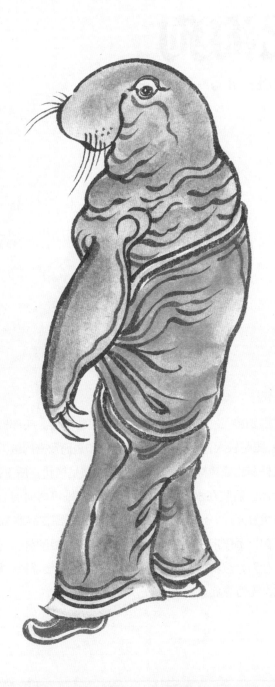

海牛精

北海狗

Callorhinus ursinus

海狗精

上古时，地穴生狗状物，曰"土牢"，食"石芝"为食。海侵入地遇此物，则化为"海狗"，日久成精。此物为水府刺史。性好淫。屡遭贬斥。

北海狗

旧称"腽肭兽"。为海中哺乳类。 体呈纺锤形。头部圆，吻部短，眼睛较大，有小耳壳，体被刚毛和短而致密的绒毛，背部呈棕灰色或黑棕色，腹部色浅，四肢呈鳍状，适于在水中游泳。后肢在水中方向朝后，上陆后则可弯向前方，用四肢缓慢而行。分布于中国渤海。《中国海洋药物辞典》载："药用部分：海狗阴茎及睾丸入药（海狗肾，腽肭脐）。有暖肾，壮阳，益精之功效。主治肾阳衰弱、阳痿遗精、腰膝酸软、无力等症。"

海狗精

江豚

Neophocaena phocaenoides

海猪精

传此怪为上古封豨之后，封豨居于水泽，为羿所伤，其后迁于海，化为此怪。此怪善辨人心。诛心者避见此物。

江豚

胶东地区俗称"海猪"，头部钝圆，眼睛较小，很不明显。身体的中部最粗，横剖面近似圆形。背脊上没有背鳍，鳍肢较大，具有五指。尾鳍较大，呈水平状。江豚栖息于靠近海岸线的浅水区。主要是在沿海水域，包括浅海湾，红树林沼泽，河口和一些大的河流中。《中国药用海洋生物》载："江豚皮下脂肪油入药，性味甘，酸，平。有解毒，消炎，生肌，镇痛之效。用于癫痫头，疮疖、水火烫伤等症。"

海猪精

抹香鲸

Physeter microcephalus Linnaeus

大头鲸精

此怪来于大壑深渊。体巨大。有神力。可唾舟，可起浪。为水府镇海大将军。

抹香鲸

头部巨大，下颌较小，仅下颌有牙齿。体长可达十八米，是体形最大的齿鲸，无背鳍；潜水能力极强，是潜水最深，潜水时间最长的哺乳动物。体形似鱼，用肺呼吸。后肢退化；尾似鱼，有水平尾鳍，游泳靠尾挥动。抹香鲸肠内分泌物的干燥品称"龙涎香"，龙涎香不只是名贵的香料，也是名贵的中药。《中国药用海洋生物》载："龙涎香性味：甘，涩。功能：化痰，散结，利气，活血。用途：用于气结症积，心腹疼痛，神魂气闷。"《本草纲目拾遗》载："活血，益精髓，助阳道，通利血脉。"《中国海洋药物辞典》载："抹香鲸肉有健脾，利水，强壮之功效。主治久病体虚，脾虚浮肿，伤口愈合缓慢等症。"

大頭鯨精

棘眦海蛇

Acalyptophis peronei

海蛇精

此物传说为上古凶神相柳神遗留之衣带所化。日久成精。善取巧钻营，幻化害人。得逞后喜反咬一口，民多畏之。

棘眦海蛇

一种生活在海洋中的爬行动物。腹部及其体侧淡黄色。尾部黄色，有黑斑。善游泳，捕食鱼类。有剧毒。海蛇性味甘，温。有祛风燥湿，通络活血，滋补强壮之效。分布于中国黄海、东海和南海。《中国药用海洋生物》载："性味：甘，温。功能：祛风燥湿、通络活血、滋补强壮。用途：用于风湿腰腿痛，小儿营养不良等。"《本草纲目拾遗》载："主治赤白毒痢，五野鸡病，恶疮。炙食，亦烧末服一，二钱匕。"

海蛇精

海龟

Chelonia mydas

海龟精

民间相传，有神龟负天书于洛水献于禹王，后随禹王治水，镇火，其后裔封于水府。为丞相。此怪圆滑，长袖善舞，能韬光养晦，能运筹帷幄。擅察言辨色，多得上喜。

海龟

可重达百斤。栖息海中，于海滩产卵。中国黄海、东海、南海均有分布。《中国药用海洋生物》载："板,掌,肉,血,脂肪油,肝,胆,蛋均可入药。性味，板和掌:甘,温。胆:苦,寒。功能:板和掌:滋阴，潜阳。柔肝补肾，祛火明目。血:润肺止喘。用途:用于肝硬化、气管炎、风湿性关节痛、烫伤等症。"

海龟精

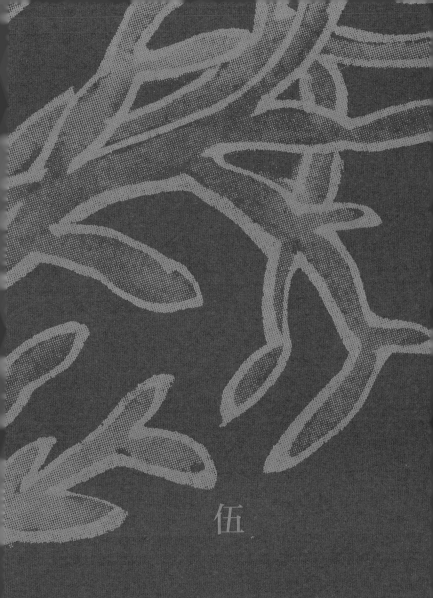

伍

藻菜部

Algae Department

浒苔

Enteromorpha prolifera

浒苔精

传海北有国曰"毛民国"，其国民多身背绿色长毛，毛发夏至交替一次。毛民多立夏日至海沐浴，毛发随即脱落，新发方得生。旧发汇集，随洋流漂浮。约夏至日至胶东海域，化为此物。此精怪善结党，常在夜间浮于半空，畏渔火。

浒苔

青岛地区曰"苔菜"。 属绿藻门、石莼科。藻体呈绿色，或深绿、黄绿色，由单层细胞组成，细长如丝，生长于盐度较低的潮间带，基部的固着器附着岩石、沙砾或贝壳上。此物性味咸，寒。有软坚散结，清热解毒之效。《本草汇言》载："咸，微寒，有小毒。""海苔菜，凡风烟石丹药诸毒，用此立解；茶积，酒积蕴结内脏以致面黄腹痛，投此即平，但气虽平，性稍有毒，缘水气酿结故也。"《本草纲目》载："烧末吹鼻止衄血；汤浸捣敷手背肿痛。"《随息居饮食谱》载："清胆，消瘰疬瘿瘤，泄胀，化痰，治水土不服。"

藻菜部 Algae Department

羊栖菜

Sargassumfusiforme

鹿角尖精

传天地余劫之古松，埋于土脉。日久海侵，古松枝露于海，化为此物。此怪善学人言。常随波流于船底偷听人语，接人言。猛击楫可破之。

羊栖菜

别名鹿角尖、海菜芽、羊奶子、海大麦等。圆子纲，马尾藻科。藻体黄褐色，肥厚多汁，叶状体的变异很大，形状各种各样。生长于低潮带岩石上。分布于中国各沿海。羊栖菜性味苦，咸，寒，《中国药用海洋生物》载："具软坚散结，利水消肿，泄热化痰之效。用于甲状腺肿，淋巴结肿，浮肿，脚气等症。"

藻菜部　Algae Department

鹿角尖精

大叶藻

Zostera marina

海草精

传胶东有地产"万丈韭"。凡人肉眼莫辨。传得此物为一切金矿宝藏之苗。某年古齐地有民从海崖得一株，被乡童说破，飞去海，化为此物。此怪群居，随波逐流。居住之地下常有沉船遗物。

大叶藻

胶东等地称之为"海草"。多年生沉水草本。有根状匍匐茎，节上生须根，茎细，有疏分枝。叶互生，长条形。生于海滩中潮带，成大片的单种群落。胶东渔民常用其做屋顶之料。此物性味咸，寒。具有清热化痰，软坚散结，利水等功效。

海草精

角叉菜

Chondrus ocellatus

鹿角菜精

相传天有神兽，双角名学"天禄"，独角名曰"辟邪"。天禄角五百年蜕一次。蜕角时来海中浴。角浴海水脱。随波流去，渐软。化为此怪。此怪喜逐光。常群体上岸，有光亮之地多见。

角叉菜

俗称鹿角菜。其藻体为紫红色，顶端常为绿色，形似扇子，扁平，生长在潮间带风浪平静的岩石上。分布于中国各沿海。《中国海洋药物辞典》载："角叉菜具有润肠导便，和血消肿，止痛生肌之功效。主治慢性便秘，骨折，跌打损伤等症。"

藻菜部　Algae Department

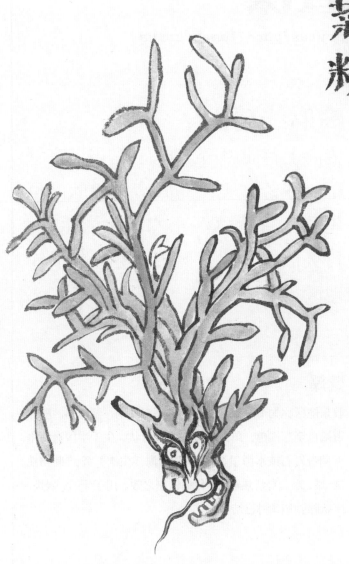

鹿角菜精

萱藻

Scytosiphon lomentarius

海麻线精

传海上有仙山曰"方壶",周岛产萱草,芬芳鲜美,岛底有巨龟驮。巨龟动,有萱草沉于水,化为水藻。日久成精。此精擅口吐芬芳。沿岸地区多见。

萱藻

胶东地区称为海麻线、骆驼毛。属褐藻纲,萱藻科。藻体黄褐色至深褐色,单条丛生,直立管状。生于中国沿海中低潮带岩石或水潭里。《中国药用海洋生物》载:"此物性味:咸,寒。有清热解毒,化痰软坚之效。用于干咳,喉炎,甲状腺肿和颈淋巴结等症。"

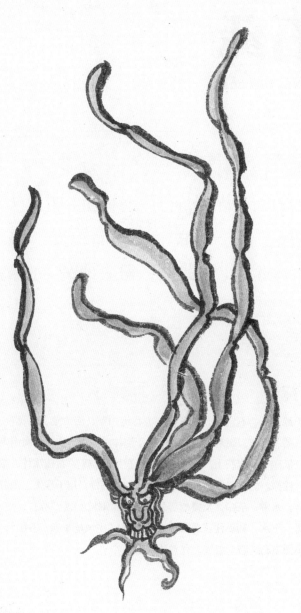

海麻線精

石莼

Ulva pertusa

海白菜精

传有沙门岛，岛有巨蛇似瓮口粗，长三尺。伏于岛底，三岁而蜕皮一次。皮蜕随波化为此物，日久成精。此精怪善随形而变。

石莼

属于绿藻门，石莼目，胶东地区亦称海白菜、海青菜、海莴苣、青苔菜、纶布，属常见海藻。生活于海岸潮间带，生长在海湾内中、低潮带的岩石上。《中国药用海洋生物》载："石莼味甘、微咸，性凉。能软坚散结，清热祛痰，利水解毒。用于喉炎，颈淋巴结，水肿，疮疖，及瘿瘤等症。"《本草纲目》载："味甘，平，无毒。下水，利小便。"《海药本草》载："主风秘不通，五膈气，并小便不利，脐下结气，宜煮汁饮之。"

海白菜精

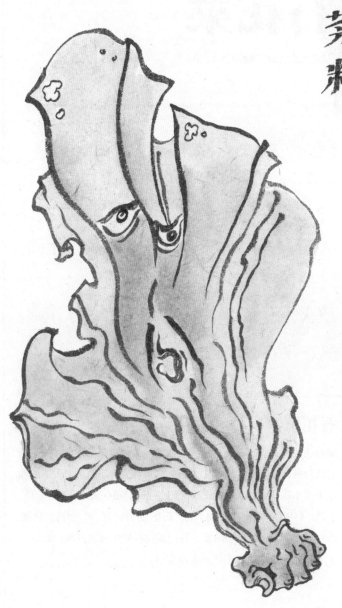

石花菜
Gelidium amansii

冻菜精

传上古，东胜神洲有巨石，巨石有九宫七窍，内生奇草，能起死回生。日久渐为人形。某年大壑水突涨，巨灵之神以巨石填大壑以镇水，石上之奇草入水化此怪。此怪能说过去，预未来，能深潜入海者多问询之。

石花菜

属石花菜科，藻类。藻体呈紫红色或棕红色，扁平直立，丛生成羽状分枝，小枝对生或互生，各分枝末端急尖。栖息于大干潮线以下至水深十米以内的海底岩石上。胶东地区多用于做"凉粉"材料。《中国药用海洋生物》载："石花菜性味：甘、咸、寒滑。功能：清热解毒。用途：用于肠炎、肛门周围肿瘤、肾盂肾炎。亦有用于治疗乳腺癌、子宫癌或做清凉饮料。"

藻菜部　Algae Department

凍菜精

紫菜

Porphyra

紫菜精

传天宫有紫衣仙女，逢初一,十五来黄海浣纱沐浴。忽一年，为巨蟹所化之石惊吓，弃紫纱而去，不复回焉。紫纱终化为紫菜，日久成精。此精怪善浮于水，逐流巡逻。

紫菜

为扁平叶状体，基部有盘状固着器。具短柄，由柄上生出叶状体。幼时为浅粉红色，以后逐渐变为深紫色，衰老时转为浅紫黄色。生于海湾内较平静的中潮带岩石上。《中国药用海洋生物》载:"此物性味甘、咸、寒。功能: 清凉泄热、利水消肿、软坚、补肾。用途: 用于甲状腺肿、高血压、支气管炎、喉炎、水肿、麻疹等症。"

藻菜部 Algae Department

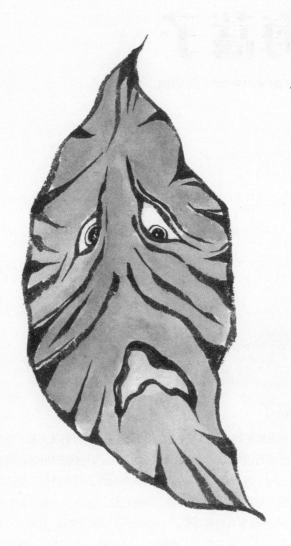

紫菜精

海蒿子

Sargassumpallidum

海蒿子精

有仙人张果，乘神驴渡海。神驴踏浪日行万里，水府之怪异之，乃击驴，中其尾，脱尾毛数束。神驴尾毛化为此怪。此怪善学巧技，心细。唯不喜人唾骂。

海蒿子

属马尾藻属植物，主枝和分枝圆柱形，其上长有刺状突起。生长在低潮带石沼中或潮下带水深处的岩石上。《中国药用海洋生物》载："性味：苦、咸、寒。功能：有软坚散结、利水降压、清热祛痰之效。用途：用于甲状腺肿，颈淋巴结，高血压，疝气和肝脾肿大、水肿和睾丸肿痛等症。"《名医别录》载："味咸，无毒。"《本草经疏》载："味苦寒。主瘿瘤气，颈下核，破散结气，痈肿症下坚气，腹中上下鸣，下十二水肿。"

藻菜部　Algae Department

海蒿子精

海带

Laminaria japonica

昆布精

传说有方相氏，能食鬼物，东海有水怪作祟，方相氏弃裤带于海上，日久裤带成精，为昆布精。昆布精体巨大，成群而居，喜恶作剧，以缠绕渔船为乐。

海带

又名纶布、昆布、江白菜，是多年生大型食用藻类。具有黏液腔，可分泌滑性物质。固着器树状分支，用以附着海底岩石，生长于水温较低的海中。《中国药用海洋生物》载："此物性味：咸，寒。功能：软坚散结，清热利水，镇咳平喘，祛脂降压。用途：用于甲状腺肿大，颈淋巴结核，慢性气管炎，咳喘，肝脾肿大，水肿，高血脂和高血压等症。"《吴普本草》载："酸，咸，寒，无毒。"

藻菜部　Algae Department

昆布精

陆

异幻部

Fantasy Department

沙伥

沙伥

赶海贪心之人，为螺精所诱，海滩溺
亡之人所化之怪，常藏于泥沙底部，
螺蛤精诱贪心之人入潮水，溺毙后为
其所食。

沙悵

鱼伥

鱼伥

此怪常随大鱼或鱼群左右，为贪心渔者或小利坏天道之民溺毙而化。此怪常化鱼怪，诱电鱼、毒鱼、拉绝后网者入水。

魚帳

蜃伥

蜃伥

海中有老蛤为蜃，善吐幻境，有吐幻境为市者，诱人深入，皆困于幻境内，日久化为此怪，蜃市内来来往往者皆为此怪。

涌伥

涌伥

此怪为不顾劝阻游野泳者，贪心冒险者，遇暗流亡而化为此物。常年在寒水，寻以身犯险者。

涌脹

礁伥

礁伥

为触礁沉没之船民怨气所化。常化暗礁状，伏于航线之外寻找替代。

潮伥

潮伥

此怪为赶海之人潮水溺毙所化。常随夜间赶海之人后，幻化浅滩海货，迷人双眼，待潮水深将人溺亡，溺亡之人随潮水作祟，是为潮伥。

潮長

替代

替代

此怪多为捕鱼不归渔民之妻，生活困顿，投水而亡之魂所化，常存于荒滩做哭泣状，见人来即附体，寻求祭祀。或拖人于泥沼溺毙，代替其受苦。

替代

滩鬼

滩鬼

旧时，渔民之茔多瘗于海滩，有渔民夜归，常不知路途，即有灯火状物照明引路，渔民多称其为滩鬼，对人无害。

灘鬼

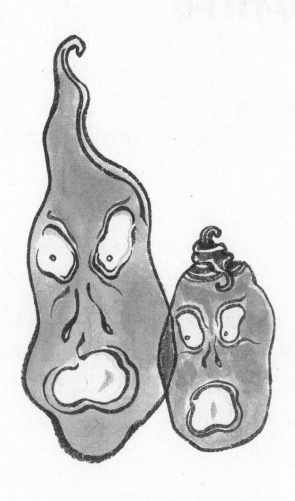

海和尚

海和尚

渔民常见之浮于水，鳖身人首。四肢肉红，能呼风唤雨。倾覆渔船。见之多不吉。不知为何怪也。

据《海怪简史》载：海和尚，喜新缆绳桐油味，喜循缆绳掀翻渔船。唯怕羞，渔民见之，需大喊"光头，光头"数遍，其以为生人见其貌，羞愧，速遁走。老渔民遇海和尚多以此法破之。屡试不爽。

海
和
尚

后 记

二十世纪八十年代，我出生于胶州湾旁的一个小村庄里。这个村子的处境有点儿"尴尬"，虽然地理位置靠海，但只有一片荒凉的盐滩，水产更是少得可怜，好像与海毫无干系。村子的名字虽以"果园"命名，可自打我记事起，村子里就从没有过果树，百姓都靠种菜谋生。在这样一座村子里，我不知为何对海里的东西十分喜爱，村里若谁家吃了"海货"，我便会去垃圾桶里翻半天，拣一堆别人扔的贝壳回家。后来我爸认为他儿子这么做有点儿"跌份儿"，索性就领我去当地的海鲜市场买来各种贝类、螺类，饱食后他用贝壳串了一条"项链"，这成了我爱不释手的玩具，走到哪儿便带到哪儿。

在我最初的世界观里，我想当然地认为，地球比我住的村子大不到哪儿去，世界上的海产也不过我们村海滩产的那几种屈指可数的鱼类。后来等我上了一年级，伯父送给我一本名叫《水下生物》的书，是引进日本讲谈社的书籍，全彩色插图。这本书直接颠覆了我的三观，让我知道了海洋的广袤、水产的丰富……我才知道，我的认知是多么贫乏。于我而言，这本书简直就是"圣经"般的存在。遗憾的是，我直到把这本书翻烂，也一直没机会见到远海里面的水下生物。

后来有一次，我经过村里的垃圾堆时，发现了一处"宝藏"。其时改革开放的春风已经刮进村子，村民们不再满足于土里刨食，好多人搞起了副业：他们搭船去胶州湾的近海挖蛤蜊，用一种金属制成的扒犁，连泥巴带其他海洋动物和杂物一股脑挖上来，冲洗掉泥巴和其他杂物后，带回家分拣，把能拿到市场卖的蛤蜊、螺类留下，不能卖的、不认识的海产便通通归为垃圾，一堆堆地丢在进了垃圾堆。这便是我发现"宝藏"的地方：各种奇特的螃蟹、螺壳、软体动物，统统被我带回家，成为我的座上宾……如果时光可以倒流，回到那个时代我们的村子，便可以看到在月光下，顶着个大脑袋，一头黄毛、目光呆滞、流着黄鼻涕、衣着邋遢的孩子在垃圾堆里用脚翻着什么，还不时回头，警惕着躲避别人鄙夷的目光，那个孩子便是我……

小时候，我曾恬不知耻地吹牛，说长大后要去海洋研究所做研究工作，上了学后才知道，有种东西叫"文化课"，偏偏我又对其很不擅长。看样子，照此下去，我只能去海洋研究所"被人研究"了。后来在把自己的课本涂鸦得一塌糊涂时，我发现了自己的特长，便学了美术。神秘的海洋和她造就的千奇百怪的生物，在我的内心深深地留上了烙印，在学习绘画之余，我总是喜欢看一些关于海洋的书籍和传说与民间故事。周围的人都觉得这嗜好怪异，而我却不以为然。

电光火石之间，三十多年过去了，那个在垃圾箱拣贝壳的孩子也长大了，工作、结婚，也有了孩子。我工作的城市依然靠海，方便了我的特殊嗜好——常去海滩码头"淘货"。2019 年的春天，我带着孩子在海滩里捡到一根很大的螃蟹钳子，把玩期间，突然想起以前当地渔民传说中深海里的蟹将军，说其蟹钳如山，渔船可从钳缝穿过而浑然不觉。于是晚上回家后，我戏画了一幅蟹将军，并配以文字说明，并发朋友圈炫耀。这引来了盛文强老师的点赞，他鼓励我，让我创作一个系列试一试。于是在工作之余我就开始了创作，并积累了一个系列的作品。在此之后，在盛文强老师的引荐下，中国工人出版社的宋杨老师找到我，说要约稿。她给我提的要求是画足 200 幅，我满口答应下来。但在当时，这 200 幅画于我而言，只是一个数字，心里并没有什么概念，等到创作的时候，便觉"难产"一般痛苦，我私下几次跟盛文强老师说，我坚持不下去了……盛文强老师鼓励我，并数次给我寄来了参考资料，让我有了创作下去的信心。

经过一年多的创作，我终于如期交稿。期间宋老师也给我提出了很多指导意见，让我在创作中不断地进步。以至于现在回过头来看，都觉得不好意思再面对自己的作品了。

这些作品能集结成册，非常感谢盛文强老师和宋杨老师的鼓励与指导，感谢薛延辉同学、姜汉卿同学和郭林源大哥帮我跑前跑后不求回报的付出，同时还要感谢我的家人，还有没提到姓名的各位师友，感谢你们这么多年来对我的培养和包容，在明知我脾气古怪和性格孤僻的情况下依然"惯"着我……

牛鸿志

2022 年 10 月 18 日写于青岛

图书在版编目（CIP）数据

海洋生物精怪图谱 / 牛鸿志著. —北京：中国工人出版社，2022.4

ISBN 978-7-5008-7898-8

Ⅰ.①海… Ⅱ.①牛… Ⅲ.①海洋生物－图集 Ⅳ.①Q178.53-64

中国版本图书馆CIP数据核字（2022）第042691号

海洋生物精怪图谱

出 版 人	董 宽	
责 任 编 辑	宋 杨	
责 任 校 对	丁洋洋	
责 任 印 制	黄 丽	
出 版 发 行	中国工人出版社	
地 　 　 址	北京市东城区鼓楼外大街45号　邮编：100120	
网 　 　 址	http://www.wp-china.com	
电 　 　 话	（010）62005043（总编室）	
	（010）62005039（印制管理中心）	
	（010）62379038（社科文艺分社）	
发 行 热 线	（010）82029051　62383056	
经 　 　 销	各地书店	
印 　 　 刷	北京盛通印刷股份有限公司	
开 　 　 本	880毫米×1230毫米　1/32	
印 　 　 张	13.875	
字 　 　 数	100千字	
版 　 　 次	2022年7月第1版　2022年7月第1次印刷	
定 　 　 价	98.00元